Educação e meio ambiente

— série —
SUSTENTABILIDADE

Arlindo Philippi Jr.
COORDENADOR

Educação e meio ambiente

UMA RELAÇÃO INTRÍNSECA

Daniel Luzzi

Doutor em Educação pela FE-USP

Manole

Copyright © 2012, Editora Manole Ltda., por meio de contrato com o autor.

Este livro contempla as regras do Acordo Ortográfico da Língua Portuguesa de 1990, que entrou em vigor no Brasil

Projeto gráfico e capa: Nelson Mielnik e Sylvia Mielnik
Editoração eletrônica: Acqua Estúdio Gráfico

Dados Internacionais de Catalogação na Publicação (CIP)
(Câmara Brasileira do Livro, SP, Brasil)

Luzzi, Daniel
    Educação e meio ambiente: uma relação intrínseca/ Daniel Luzzi. – Barueri, SP: Manole, 2012.
(Série sustentabilidade)

    Bibliografia.
    ISBN 978-85-204-3207-5

    1. Educação – Finalidades e objetivos
    2. Educação ambiental 3. Meio ambiente I. Título. II. Série.

11-12694   CDD-370.115

Índices para catálogo sistemático:
1. Educação e meio ambiente   370.115

Todos os direitos reservados.
Nenhuma parte deste livro poderá ser reproduzida, por qualquer processo, sem a permissão expressa dos editores. É proibida a reprodução por xerox.

A Editora Manole é filiada à ABDR – Associação Brasileira de Direitos Reprográficos

1ª edição – 2012

Editora Manole Ltda.
Av. Ceci, 672 – Tamboré
06460-120 – Barueri – SP – Brasil
Tel.: (11) 4196-6000 – Fax: (11) 4196-6021
www.manole.com.br
info@manole.com.br

Impresso no Brasil
Printed in Brazil

Sumário

SOBRE O AUTOR | **VII**
PREFÁCIO | **IX**
INTRODUÇÃO | **XIII**

PARTE 1
Educação no contexto atual – desafios, demandas e características

CAPÍTULO 1 | **Educação: desafios em um mundo que se transforma** | 3

3 Educação no contexto atual | **15** Educação e ambiente: potencialidades

CAPÍTULO 2 | **As demandas sociais** | 19

19 Ambiente e educação: uma relação histórica | **22** Fins da educação: as demandas sociais | **32** Origem e impactos dos problemas socioambientais

CAPÍTULO 3 | **As características da cultura** | 41

41 Os meios e os fins: uma relação intrínseca

PARTE 2
Ambiente, complexidade, psicologia de aprendizagem e didática

CAPÍTULO 4 | **Dinâmica histórica do conhecimento e da sociedade: da redução e simplificação à complexidade** | 57

57 Conhecimento e ambiente | **60** Iluminismo e modernidade | **62** Positivismo, Liberalismo e Capitalismo | **69** Teoria crítica e hermenêutica | **81** Complexidade e interdisciplinaridade

CAPÍTULO 5 | **Psicologia da aprendizagem** | 87

    87 Aprendizagem e ambiente

PARTE 3
Ambientalizando a educação

CAPÍTULO 6 | **Pedagogia e didática ambiental** | 111

    111 Pedagogia crítica e práxis ambiental | **115** Pedagogia ambiental | **134** Intervenção docente, o professor crítico e reflexivo | **139** A escola complexa | **145** A sala de aula complexa | **149** As atividades educativas | **151** Inter-relações entre instituição, sala de aula e atividade educativa: em busca de coerência

REFLEXÕES FINAIS | **157**

    160 O que ensinar? | **166** Como ensinar | **168** Como organizar o ensino

REFERÊNCIAS | **171**

ÍNDICE REMISSIVO | **185**

Sobre o autor

Licenciado em Ciências da Educação pela Universidade de Buenos Aires (UBA). Especialista em Planejamento Social para a Luta contra a Pobreza pela Organização dos Estados Americanos (OEA). Mestre em Gestão Ambiental pela Universidade Nacional de San Martin (Cátedra Unesco/Cousteau em Ecotecnia), reconhecido pela Universidade Federal de Santa Catarina. Doutor em Educação pela Faculdade de Educação da Universidade de São Paulo (FE-USP).

Tem atuado como docente convidado da USP na Faculdade de Saúde Pública (FSP), na especialização em Educação Ambiental; na Faculdade de Educação da UBA, programa UBA XXI; na Universidade Nacional de General San Martin, Cátedra Unesco/Cousteau em Ecotecnia, graduação em gestão ambiental; e na Universidade Nacional de Misiones, Faculdade de Ciências Florestais de Eldorado, entre outras.

Tem atuado como consultor da Secretaria Municipal de Educação de São José dos Campos; consultor Sênior A1 do Banco Interamericano de Desenvolvimento (BID) no Programa de Desenvolvimento Institucional Ambiental, Secretaria de Recursos Naturais e Desenvolvimento Sustentável, Presidência da Nação Argentina; consultor Sênior A1 do Programa das Nações Unidas para o Desenvolvimento (Pnud), no Projeto para a Transformação do Sistema Educativo do Estado de Buenos Aires; assessor da Comissão de Ecologia do Senado da Nação Argentina; especialista do Hospital de Agudos Jose Maria Penna, trabalhando no programa de atenção primária da saúde em áreas de risco; consultor do Governo do Estado de Buenos Aires, no programa "Proteção do Meio Ambiente na Comunidade Organizada"; consultor do Ministério de Educação e Cultura do Estado de San Luis, no programa de educação ambiental estadual; entre outros.

Prefácio

Em uma tarde cheia de sol chegou em minha sala no Departamento de Prática de Saúde Pública da Faculdade de Saúde Pública da Universidade de São Paulo, por recomendação de meu grande amigo Marcos Reigota, um simpático argentino de origem italiana apresentando um currículo invejável: Daniel Luzzi.

Nesse período, eu estava coordenando um dos doze cursos de especialização em Educação Ambiental que ali ocorreram e precisava de uma pessoa que tivesse uma boa formação nas áreas de educação e de meio ambiente para ministrar aulas. Convidei-o primeiro para dar uma aula, assisti e pude constatar a profundidade com que tratava os assuntos e verificar que seus conhecimentos de cultura geral permitiam tratá-los de forma integrada, facilitando a compreensão do conteúdo apresentado.

Fiquei muito feliz com o resultado e decidi convidá-lo para fazer parte do quadro de professores colaboradores do curso. Iniciou-se, então, uma parceria que vem sendo celebrada até hoje. Daniel Luzzi tornou-se um grande amigo, com quem pude contar sempre e acompanhar, a partir daí, sua trajetória profissional.

Extremamente inteligente, crítico e criativo, tem produzido muitos cursos de educação a distância de excelente qualidade, muito superior aos que têm sido oferecidos ao público geral. Muitos dos quais foram disponibilizados gratuitamente a fim de colaborar com a melhoria do ensino público de nosso país.

Ao mesmo tempo, Luzzi tem procurado contar e refletir sobre essas e outras experiências em capítulos de livros e exemplares já publicados. A presente obra, por exemplo, surgiu de uma necessidade sentida nos inúmeros trabalhos de assessoria e consultoria que tem realizado em secretarias de Educação e de Meio Ambiente municipais.

Como se sabe, a questão ambiental deve envolver diferentes saberes. No entanto, no trato cotidiano da educação ambiental, poucas pessoas sabem sobre a educação crítica, problematizadora, emancipatória, ainda que conheçam alguns aspectos relacionados ao ambiente. De maneira geral, as mudanças de comportamento são evidenciadas em detrimento da formação e reforço de atitudes positivas. Torna-se, portanto, muito difícil conseguir que as ações de intervenção propostas sejam realmente efetivadas e se transformem em filosofia de vida com a educação tradicional.

Neste trabalho, o autor apresenta didaticamente as principais correntes pedagógicas, epistemológicas, didáticas e da psicologia da educação e, dialogando ao longo da sua evolução histórica, faz uma profunda análise da educação formal, permitindo que ao compreender essa realidade seja possível sobre ela intervir.

No entanto, ao apresentar o conceito de trans-setorialidade em educação, deixa claro que os problemas educativos de uma sociedade não são de cunho exclusivo dos sistemas educativos formais e, para sua solução, precisam de uma abordagem multiprofissional.

Traz também subsídios para começar a implementar novas formas de organização curricular, de sequenciação de conteúdos, de eixos transversais e processos interdisciplinares (horizontais e verticais), de aproximações metodológicas, entre outros.

Acredito que a obra pode colaborar no aprofundamento da visão pedagógica da educação ambiental, na superação de visões centradas nas áreas de ciências, biologia e geografia destacando a importância da complexidade educativa e a função educativa da gestão escolar, a cultura escolar, a comunicação, o planejamento e as metodologias de ensino-aprendizagem, possibilitando uma reflexão sobre a educação como um todo, e como diz o autor, "ambientalizando" a educação.

Recomendo, portanto, a docentes, universitários e profissionais educadores atuantes das áreas de educação e meio ambiente realizarem uma leitura acurada deste livro, fruto de muitos estudos e pesquisas do mestre em Educação e Gestão Ambiental pela Cátedra Unesco, Argentina, e doutor em Educação pela Universidade de São Paulo, Brasil, cujas qualidades aparecem por si só desde o início, o que tornou fácil e gratificante a responsabilidade de prefaciá-lo. Sou muito grata por ter podido dele fazer parte.

Profa. Dra. Maria Cecília Focesi Pelicioni
Professora Associada do Departamento de Prática
de Saúde Pública da Faculdade de Saúde Pública da USP

Introdução

Quando falamos sobre a relação entre educação e ambiente fazemos uma imediata associação com a educação ambiental. As primeiras imagens que vêm à nossa mente têm a ver com rios contaminados, lixo, poluição do ar, aquecimento global, desmatamento na Amazônia e uma série de imagens que os meios de comunicação, frequentemente, relacionam com a problemática ambiental.

A educação ambiental nasce da emergência ecológica planetária, ou seja, do contexto da educação, como uma demanda de seu ambiente, assim como tantas outras demandas e características culturais que permeiam a educação atual.

No entanto, considerar na educação ambiental só a dimensão ecológica, e dentro dela só a dimensão conceitual, significa reduzir, simplificar e até desconhecer a complexa trama de relações presente entre a educação e o ambiente.

Entendemos que essa relação não é apenas de ordem ecológica, mas sócio-histórica, já que é uma relação nascida junto à educação, nos primórdios dos tempos, ainda antes de existirem os sistemas formais de educação.

O ambiente é parte da educação e a educação é parte do ambiente. Referimo-nos não só à consideração das demandas sociais e características da cultura e da sociedade, que originam os currículos, mas também ao processo de ensino e de aprendizagem. Consideramos que o ambiente é parte de nós e nós somos parte do ambiente, em um processo de construção mútua entre o sujeito e o contexto. A unidade educativa é um ambiente dentro de outro ambiente e, portanto, é de fundamental importância na construção dos conhecimentos dos alunos.

A chamada educação ambiental está em crise, apesar do grande esforço teórico em defini-la e caracterizá-la com um enfoque socioambiental, com o objetivo de formar cidadãos críticos, responsáveis e capazes de compreender o mundo que habitam; no entanto, a educação ambiental, na prática, encontra-se a anos-luz da realidade teórica.

Se na teoria trabalhamos com aproximações contextuais, nas quais a construção do conhecimento encontra-se além do indivíduo, afundando as raízes no contexto, em uma relação indivíduo-entorno como totalidade reflexiva, na prática estamos trabalhando com aproximações contextualizadoras, nas quais o contexto é considerado como uma variável independente, que modifica os processos físicos e sociais. Enquanto nas reflexões teóricas analisamos as formas de pensamento compreensivo, e temos como abordagem a formação de um sujeito com uma capacidade de interpretar o mundo para atuar nele, na prática não conseguimos evoluir além dos conhecimentos descritivos e explicativos.

Na reflexão teórica reforçamos a análise da necessária interdisciplinaridade dos conhecimentos para abordar a complexidade da realidade, mas na prática os eixos transversais fragmentam ainda mais a unidade da realidade e não passam de uma atividade isolada gerada a partir da boa vontade de um ou mais professores.

Enquanto na teoria focamos a construção de uma aproximação entre as relações entre sociedade e ambiente, e seus múltiplos conflitos relacionados à cultura e aos valores envolvidos na cotidianidade, na prática perpetuam-se as oficinas de papel reciclado, aulas sobre aquecimento global, estímulo à separação e reciclagem de lixo, organização de hortas orgânicas, trilhas de interpretação ambiental, entre outros.

Assim, como podemos observar, a chamada educação ambiental tem evoluído em duas direções. Por um lado, as brilhantes análises teóricas de um grupo de intelectuais lúcidos, acerca da evolução da relação entre natureza e sociedade, sujeito e objeto, levando em consideração os condicionantes culturais, filosóficos, epistemológicos, antropológicos e psicológicos; esforço que poderíamos considerar fundamentalmente na linha da sociologia, filosofia e política da educação. Por outro lado, na prática da educação ambiental escolar, encontramos muitas vezes um discurso próximo da reflexão teórica; formação de cidadãos conscientes e compreensivos, com um pensamento interpretativo e complexo, porém, nas atividades propriamente ditas, as pesquisas indicam que estas estão mais relacionadas com os problemas ambientais, trabalhando-se como temas mais significativos: água, lixo, reciclagem, poluição e saneamento.

O certo é que a *educação ambiental*, na prática, foi reduzida, na maioria dos casos, a uma visão ecológica conservacionista e a um tema a mais entre os denominados "emergentes da comunidade ou temas transversais"; em um pé de igualdade com temas como a "educação para cidadania", "educação para a saúde" ou "educação para a paz", desconhecendo a trama de relações presentes entre os diversos temas que formam o socioambiente em que vivemos (Luzzi, 2001b).

Entendemos que o verdadeiro problema da prática da educação ambiental está relacionado à escassa articulação e diálogo entre os setores ambientais e a comunidade educativa, na busca de enfoques integradores. Em vez disso, a educação ambiental tem gerado um diálogo com certas áreas de conhecimento próximas (ciências naturais e geografia) e tem originado um importante movimento reflexivo sobre a realidade atual e o papel da educação nesse contexto, um movimento contestatório à educação tradicional, possibilitando a construção de novas aproximações educativas.

Não se trata de desmerecer a importância desse processo, mas quem sabe devemos questionar os limites, já que o fato de tentar criar, fora da educação, outra educação "particular" para depois ser inserida na primeira, significa reproduzir a clássica fragmentação, não só do currículo e da didática, mas também dos modelos de gestão escolar e das visões de escola conteudista do século passado; é criar novas aproximações metodológicas descontextualizadoras e descontextualizadas a serem inseridas na escola, como tantas outras mais.

> O que é educação ambiental?
>
> Por meio da educação ambiental, as pessoas passam a compreender como as ações individuais afetam o meio ambiente, adquirem competências para pesar os vários lados das questões e tornar-se mais aptas para tomarem decisões conscientes.
>
> Fonte: EPA (2008).
>
> Entende-se por educação ambiental os processos por meio dos quais o indivíduo e a coletividade constroem valores sociais, conhecimentos, habilidades, atitudes e competências voltadas para a conservação do meio ambiente, bem de uso comum do povo, essencial à sadia qualidade de vida e sua sustentabilidade.
>
> Fonte: Lei n. 9.795 (Brasil, 1999).

Muitos acham que só o fato de juntar as palavras educação e ambiente, promovendo práticas ecológicas ou bons comportamentos, seria premissa suficiente para fundamentar uma nova opção educativa apta para intervir na atual crise socioambiental.

Porém, só uma abordagem verdadeiramente ingênua pode considerar isso no contexto no qual assistimos à falência:

- *Da razão científica objetiva e do otimismo tecnológico*, da certeza do conhecimento, de um modelo cultural baseado no consumo e no crescimento econômico sem fim em um mundo finito.
- *De um modelo cultural* que nos fez pensar que o bem viver e a felicidade estavam na acumulação material, perdendo a qualidade de vida na busca de uma melhor qualidade de vida. Um modelo que está gerando um profundo mal-estar — não só dos indivíduos, mas dos coletivos, um mal-estar da própria cultura, no sentido freudiano do termo —, um vazio existencial que termina na eclosão da violência, da ansiedade, da dependência de drogas, e pela agitada dinâmica existencial, competitividade, consumismo desenfreado, solidão, crise do ser no mundo, insegurança.
- *De um modelo econômico* que concentra 86% da riqueza mundial em 10% da população, condenando bilhões de pessoas à fome, à ignorância e à morte prematura. Um modelo baseado no livre mercado, que coloca o lucro antes da vida e da morte de milhões de pessoas.
- *Do conceito de segurança* que pretende combater a violência social com mais violência, aumentando a pressão do conflito social.
- *Dos partidos políticos e das instituições em geral*, que têm perdido relevância e credibilidade frente à onda de corrupção e incompetência que assola o panorama nacional e internacional.
- *Da justiça*, que protege os interesses de uma classe por meio de ações que até podem ter legalidade, baseadas na deturpada interpretação da constituição e das leis; mas não possuem a mínima legitimidade social, agravando o quadro de crise *moral e ética*.

> A ética, pelo contrário, é uma reflexão filosófica, logo, puramente racional, sobre a moral. Assim, procura justificá-la e fundamentá-la, encontrando as regras que, efetivamente, são importantes e podem ser entendidas como uma boa conduta em âmbito mundial e aplicável a todos os sujeitos.
> Motta (1984, p. 17) a define como um "conjunto de valores que orientam o comportamento do homem em relação aos outros homens na sociedade em que vive, garantindo, outrossim, o bem-estar social", ou seja, Ética é a forma que o homem deve se comportar no seu meio social.
>
> Fonte: Motta (1984).

Nesse contexto, consideramos importante que os professores possam superar a visão ecológica e naturalista da chamada educação ambiental para dar lugar a uma educação que não só considere a boa gestão do ambiente, mas também uma mudança que permita levar em conta os aspectos sociais, econômicos, políticos, éticos e culturais que envolvem o tema. Uma educação que renove a relação das pessoas com o seu corpo, sua mente, seus sentimentos, desejos e sonhos. Uma educação que reconstrua a relação entre o homem e a natureza, e não menos importante, as relações entre os homens, superando a desigualdade, as fantasias de superioridade, o racismo, a opressão, a ganância, a violência real e simbólica, a injustiça.

Não podemos nos satisfazer com concepções simplistas que trilham um caminho que é superficial e que nos leva a reforçar uma consciência ingênua. Faz-se necessário transitar na direção de uma educação ambiental que coloque em debate as premissas, as alternativas e as utopias, ou seja, uma educação crítica.

A humanidade chegou a uma encruzilhada que lhe exige examinar-se e tentar encontrar novas trilhas, refletindo sobre a cultura, as crenças, valores e conhecimentos em que se baseia seu comportamento cotidiano. Assim como, também, sobre o paradigma antropológico-social que subjaz nas suas ações, sobre o qual a educação tem uma enorme influência, pelo caráter produtor e reprodutor de saberes e valores sociais vigentes que encarna; por isso, a educação não pode nem deve estar alheia a esse processo de busca de alternativas socioambientais.

A educação deve produzir a sua própria transformação, focando-se em formar as gerações atuais, não só para aceitar a falta de certeza do conhecimento, mas também para gerar um pensamento compreensivo, complexo e aberto à dinâmica de um conhecimento inacabado, em permanente processo de construção. Um conhecimento subjetivo, atravessado por valores e preconceitos.

Mas isso tem de acontecer sobre a base da realidade existente, da realidade da escola. Não é com mais normas ou conteúdos educativos que vamos mudar a educação, a educação possui a sua própria crise, que temos de considerar.

A *educação ambiental*, neste contexto, pode ser definida como uma educação que dialoga com

> A educação ambiental é o produto, em construção, da complexa dinâmica histórica da educação, um campo que evoluciounou de aprendizagens por imitação, no mesmo ato, a perspectivas de aprendizagem construtiva, crítica, significativa, metacognitiva e ambiental.
>
> Fonte: Luzzi (2001a)
>
> É uma educação produto do diálogo permanente entre concepções sobre o conhecimento, a aprendizagem, o ensino, a sociedade, o ambiente; como tal é a depositária de uma cosmovisão sócio-histórica determinada. Por isso é que o "binômio educação/ambiente deverá desaparecer com o tempo".
>
> Fonte: Luzzi (2001a, p. 173)
>
> "A educação é ambiental ou não é" (Bianchini, 1995, p. 179), no sentido de permitir conduzir-nos até uma nova sociedade sustentável e à medida humana, ou continuar no seu andar diletante.

o ambiente do qual emerge, considerando as demandas socioambientais e as características que cada cultura possui, abrindo caminho a uma educação dinâmica, transformadora e culturalmente relevante.

Uma educação que possibilite a construção de uma compreensão crítica das circunstâncias históricas que dão origem à realidade vivida e potencialize a participação responsável por meio do exercício da cidadania na sua transformação.

Uma educação integral que entenda professores e alunos como uma totalidade, considerando o corpo, a mente e os valores e afetos; e não um simples banco de dados para a mera transmissão passiva de conteúdos do professor – assumido como aquele que supostamente tudo sabe – para o aluno – assumido como aquele que nada sabe.

> "A escola mesma é uma microssociedade complexa onde convergem e dialogam cotidianamente as formas culturais mais variadas; setores socioeconômicos, políticos, religiosos e raciais; é, além disso, onde as pessoas envolvidas na tarefa educativa (alunos, docentes, pais, não docentes, funcionários) derrubam seus conflitos sociais, materiais e humanos, gerando as mais variadas condutas; determinando, em parte, a educação última que é construída nas aulas."
>
> Fonte: Luzzi (2001a, p. 174)
>
> Estas e outras dimensões ambientais atravessam a prática escolar, gerando os mais variados conflitos e necessidades pedagógicas, individuais e sociais.

Estamos falando de uma educação que compreende a totalidade chamada *escola*, entendendo o centro educativo não como um lugar onde se dita aula, mas como uma comunidade de ensino e de aprendizagem, um espaço de formação tanto para estudantes como para professores. Uma verdadeira transformação educativa que modifique os modelos de gestão, os currículos, os espaços, os tempos, as estratégias de formação e aprendizagem; e não uma mera mudança ou adição de conteúdos programáticos.

A educação, sejamos cientes disso ou não, sempre foi e será ambiental, no sentido sócio-histórico do termo, mudando permanentemente em relação ao contexto histórico, considerando as demandas sociais, as características científicas e tecnológicas das diversas culturas e as formas de ensinar e aprender. Hoje, essa relação se aprofunda, considerando não só as demandas originadas nos problemas socioambientais, mas, sobretudo, a abordagem da complexidade do processo educativo e da intrínseca relação entre este processo e o ambiente no qual se desenvolve.

A seguir, tentaremos analisar como o ambiente atual dialoga com a educação, considerando os desafios desta, as demandas sociais, as características da cultura, o conhecimento, a psicologia da educação, a pedagogia e a didática, tentando articular um conjunto de conhecimentos dispersos no diálogo da verdadeira educação ambiental, que não só incorpore, mas que supere as visões ecológicas.

Uma educação que, além das denominações que adquira (Educação Ambiental, Educação para o Desenvolvimento Sustentável, Educação para o Futuro Sustentável, Educação para Sociedades Responsáveis), perca os adjetivos, e como um todo se encaminhe na busca de sentido, significação e coerência em suas práticas.

PARTE 1

Educação no contexto atual

DESAFIOS, DEMANDAS
E CARACTERÍSTICAS

Educação

DESAFIOS EM UM MUNDO QUE SE TRANSFORMA

> *A educação não é só uma tarefa técnica de processamento de informação bem organizado, nem sequer simplesmente uma questão de aplicar as 'teorias da aprendizagem' em sala de aula, nem de usar os resultados de provas de rendimento centradas no sujeito. É uma empresa complexa capaz de adaptar a uma cultura as necessidades dos seus membros e de adaptar aos seus membros e às suas formas de conhecer as necessidades da cultura. (Bruner, 2000, p. 62)*

EDUCAÇÃO NO CONTEXTO ATUAL

Qualquer que seja o ponto de vista que assumamos para analisar o papel da educação na sociedade atual, economicista, tecnologicista, ambientalista ou humanista, fica claro que esta análise deve considerar o ambiente educativo, partindo da reflexão sobre a situação da educação no contexto atual (Figura 1.1).

Entendemos que devemos tentar quebrar o círculo vicioso das reformas educativas do passado que desconheciam sistematicamente a realidade que tentavam transformar, achando, ingenuamente, que a elaboração de políticas educativas (leis, normas e documentos) e a sua comunicação com eficiência a todos os atores educativos (por meio de capacitação) eram suficientes para produzir uma mudança efetiva.

4 | Educação e meio ambiente

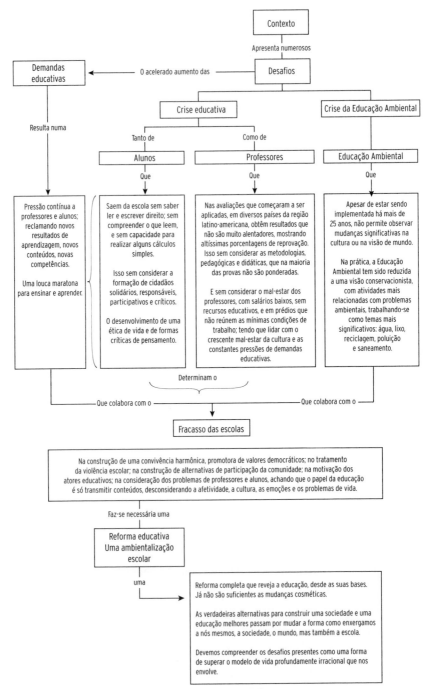

Figura 1.1: Desafios da educação no contexto atual.

Assim, as reformas foram feitas continuamente nos últimos 50 anos, sem produzir mudanças significativas na educação, mostrando até que ponto as reflexões teóricas foram se afastando mais e mais da realidade da escola e da prática educativa.

De tal modo chegamos a uma educação que perdeu seu rumo, indecisa, como a mesma sociedade que a origina, que ainda não consegue encontrar um caminho consistente para responder às crescentes demandas da sociedade e da cultura.

Numerosos pontos de vista são levantados na reflexão sobre o papel da educação no contexto da atualidade. No entanto, observamos com preocupação que, ainda, as perspectivas mais críticas originadas em movimentos de contracultura, como a educação ambiental, reproduzem uma tendência que o próprio discurso condena e que resulta em uma forte contradição teórica; uma *visão reducionista* do contexto, achando que a problemática da humanidade pode ser reduzida a uma visão ecológica ou a uma relação sociedade-natureza; um *ponto de vista simplificador* do fenômeno educativo e da escola, ao entender que tudo se reduz a introduzir conteúdos no currículo ou a buscar fórmulas mirabolantes de articulação conceptual, sem considerar o peso dessas decisões na realidade escolar; um *ponto de vista, às vezes, fechado e egocêntrico*, em relação aos outros campos de conhecimento, elaborando educações em particular a serem inseridas na educação geral, configurando uma *visão descontextualizada*, que não parte da consideração dos problemas da escola e de seus atores.

Partilhamos a visão de Leff (2003, p. 17), quando diz que

> a compreensão do mundo como "totalidade" propõe o problema de integrar os diferentes níveis de materialidade que constituem o ambiente como sistema complexo, e a articulação do conhecimento destas ordens diferenciadas do conhecimento da realidade, para dar conta destes processos.

A complexidade do fenômeno educativo não pode ser abordada só por uma perspectiva, seja esta filosófica, política, pedagógica, didática, antropológica, econômica, psicológica, organizacional, entre outras.
Fonte: Leff (2003).

Isso exige verificar de perto de que educação e de que instituição educativa estamos falando quando teorizamos acerca da educação. É preciso analisar que outros elementos esse ambiente complexo traz como demanda social ou as características com as quais temos de lidar para dar respostas aos cidadãos e à sociedade; avaliar que limites a educação possui, no reconhecimento de que a incorporação de temas no currículo não significa que tenhamos tempo para ensiná-los ou aprendê-los; exige verificar que contradições metodológicas a educação ambiental apresenta; e, como uma verdadeira abordagem complexa do ambiente, exige não só refletir sobre o papel da educação no contexto atual, mas também sobre a complexidade da escola mesma, abrindo possibilidades para a sua transformação.

Crise educativa

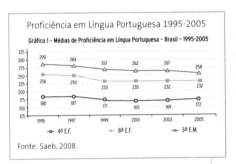

Fonte: Saeb, 2008.

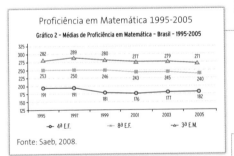

Fonte: Saeb, 2008.

O Programa de Promoção da Reforma Educativa na América Latina e Caribe (Preal) é um projeto conjunto do Diálogo Interamericano em Washington, D.C. e a Corporación de Investigaciones para el Desarrollo (Cinde) em Santiago do Chile.

A educação atravessa uma grave situação no continente, tanto do ponto de vista quantitativo, em relação à retenção, daqueles que fazem parte do contingente que foi abandonado pela escola, como qualitativo, que diz respeito ao fracasso da escola em seus objetivos mais elementares, ensinar a *ler e escrever, compreender o que se lê e a realizar alguns cálculos simples*; isso sem considerar o fracasso na formação de cidadãos solidários, responsáveis, participativos e críticos.

O relatório do *Programa de Promoción de la Reforma Educativa en América Latina y el Caribe* (*Preal*) de Outubro de 2006, denominado "Quantidade sem Qualidade", relata os péssimos resultados dos exames globais de aproveitamento dos alunos, nos quais a região latino-americana teve os resultados mais baixos de todos:

Apesar dos sinceros e impressionantes esforços, a maioria das escolas continua fracassando no que se relaciona a dar às crianças as habilidades e competências necessárias para o seu sucesso pessoal, econômico e a prática da cidadania. [...] Nas medidas-chave de sucesso – qualidade, igualdade e eficiência –, os níveis permanecem baixos e os avanços são poucos ou inexistentes. Baixos níveis de aprendizagem, ausência de sistemas baseados no desempenho, pouca responsabilidade e a crise do magistério conspiram no sentido de privar a maioria das crianças latino-americanas do conhecimento e das habilidades necessárias para progredir nas sociedades modernas. (Preal, 2006, p. 5)

O Quadro 1.1, extraído do relatório de 2006, "Quantidade sem Qualidade", fornece um raio X da situação da educação na América Latina, utilizando uma escala que vai de "A" (excelente) a "F" (muito ruim).

Boletim sobre a Educação na América Latina			
Matéria	Nota	Tendência	Comentários
Resultado das provas	D	↔	As notas nos exames nacionais e internacionais permanecem abaixo dos níveis aceitáveis e, de modo geral, não estão melhorando
Matrículas	B	↑	O número de alunos matriculados está aumentando rapidamente, especialmente na Pré-escola e no Ensino médio, porém muitas crianças ainda não estão na escola.
Permanência na escola	C	↑	Os alunos estão permanecendo por mais tempo na escola, porém as taxas de conclusão ainda não são boas e as reprovações são muito maiores que em outras regiões.
Equidade	D	↔	Um número maior de crianças pobres, das zonas rurais e de grupos indígenas, estão na escola, porém aprendem menos e evadem prematuramente.
Padrões	D	↑	Apesar de vários países estarem trabalhando nisso, nenhum deles conseguiu ainda estabelecer e implementar plenamente parâmetros nacionais abrangentes, nem incorporá-los na formação dos professores, nos livros didáticos e nos exames.
Avaliação	C	↑	São cada vez mais comuns os exames nacionais de aproveitamento, porém eles ainda são precários. Além do mais, os resultados destes exames raramente influenciam as políticas.
Autoridade e responsabilidade na escola	C	↑	Vários países transferiram processos decisórios para os níveis estaduais e municipais, porém a gestão e a supervisão continuam sendo inadequadas.
Fortalecimento do Magistério	D	↔	Os esforços para melhorar a qualidade e a responsabilidade dos professores ainda não mostram mudanças mensuráveis nos processos de sala de aula.
Investimento no Ensino Fundamental e Médio	C	↑	Os investimentos estão aumentando, porém o gasto por aluno é insuficiente para que todos recebam educação de qualidade.
Notas:	A Excelente B Bom C Satisfatório D Ruim F Muito ruim		↑ Melhorando ↔ Sem mudança observável ↓ Em declínio

Quadro 1.1: Boletim sobre a educação na América Latina.
Fonte: Preal (2006).

Evidentemente, não podemos tomar esses dados como absolutos, já que envolvem numerosas dimensões subjetivas na sua formulação, porém ilustram os pontos escuros do sistema educativo, ainda com seríssimas dificuldades, tantas que, em muitos países e em estados brasileiros, as crianças passam de ano compulsivamente, por ordem do Estado. Assim, as três categorias mais importantes – equidade, qualidade e formação de professores – encontram-se estagnadas, sem nenhum indício de mudança observável.

O relatório apresenta alguns dados interessantes, que possibilitam ilustrar a situação da educação na América Latina.

Apesar da educação mostrar, em geral, segundo o boletim, uma tendência de melhora, quanto aos resultados das provas:

> Em 2003, jovens de 15 anos de três países da América Latina (Brasil, México e Uruguai), que participaram na prova do Programme for International Student Assessment (Pisa) tiveram notas próximas da mínima em leitura, matemática e ciências, sendo estes resultados os mais baixos entre os 41 países avaliados. Quase a metade dos alunos da América Latina apresentou graves dificuldades no uso da leitura para ampliar seus conhecimentos e habilidades. A maioria (três quartos no Brasil, dois terços no México e quase a metade no Uruguai) não conseguiu aplicar de forma consistente as habilidades básicas de matemática para explorar e compreender uma situação cotidiana. (Preal, 2006, p. 6)

Em sua décima edição, realizada em 2007, o Sistema de Avaliação do Rendimento Escolar do Estado de São Paulo (Saresp) avaliou o ensino regular de todas as escolas da rede pública estadual que oferecem as 1ª, 2ª, 4ª, 6ª e 8ª séries do Ensino Fundamental e a 3ª série do Ensino Médio, nos períodos da manhã, tarde e noite.

A avaliação aferiu o domínio das competências e habilidades básicas previstas para o término de cada série, mediante a aplicação de provas de Língua Portuguesa e de Matemática.

Fonte: Saresp (2007).

No Brasil, segundo dados do Relatório do MEC *Qualidade na Educação Básica do ano 2005*, somente 10% das crianças matriculadas na escola atingiram o desempenho adequado em Língua Portuguesa e Matemática para seu nível de ensino.

Em São Paulo, a avaliação do *Saresp* 2007 mostrou um panorama mais grave, 96% dos estudantes da 3ª série do ensino médio encontram-se abaixo dos conhecimentos considerados adequados de Matemática, número que representava 94% no *Saeb* de 2005. Entretanto, na

8ª série do Ensino Fundamental, 95% dos avaliados encontravam-se em níveis abaixo do considerado adequado. Em 2005, o Saeb indicou que 92% estavam nesta situação, mostrando uma tendência negativa.

Em Língua Portuguesa a situação foi melhor, porém não muito; 66% dos alunos de 4ª e 6ª série e 76% de 8ª série não alcançaram os conhecimentos considerados adequados à sua série, piorando ainda mais no Ensino Médio, em que 79% dos alunos não alcançaram os conhecimentos considerados adequados, sendo que 39% deles sequer possuíam os conhecimentos básicos.

> O Sistema Nacional de Avaliação da Educação Básica (Saeb), implantado em 1990, é coordenado pelo Instituto Nacional de Estudos e Pesquisas Educacionais (Inep), e conta com a participação e o apoio das secretarias estaduais e municipais de educação das 27 unidades da Federação.
>
> Os levantamentos de dados do Saeb são realizados a cada dois anos em uma amostra probabilística representativa dos 26 estados brasileiros e do Distrito Federal.
>
> Fonte: Zaia (2010).

O mais grave, se é que podemos falar assim nesse contexto sombrio, possivelmente seja a desigualdade oculta nestas porcentagens, como podemos observar na Figura 1.2. As crianças que se encontram entre os 20% mais ricos da população estão classificadas 50 a 100 pontos acima da média em relação às crianças contidas nos 20% da população mais pobre. No Chile, segundo o relatório, essa diferença alcançou os 70 pontos em línguas e os 100 pontos em Matemática. No Brasil, como podemos observar na Figura 1.2, a relação alcançou quase 95 pontos de diferença em Matemática.

> "Os dados apresentam a diferença no número de pontos nas notas médias dos alunos dos quartis superior e inferior do índice Pisa da condição econômica, social e cultural. Estes incluem todos os países da América Latina, mais as duas nações da OCDE com os melhores desempenhos. Cada nível de proficiência abrange um intervalo de aproximadamente 60 pontos."
>
> Fonte: Preal (2006, p. 10).

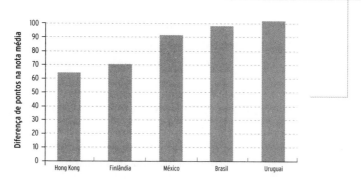

Figura 1.2: Diferença nas notas médias de matemática entre o quartil de alunos mais ricos e mais pobres no Pisa, países selecionados, 2003.

Fonte: Preal (2006)

Por outro lado, as escassas experiências de avaliação de professores, realizadas também, não têm sido muito alentadoras. No Peru, por exemplo, em 2008 "nada menos que 99% dos professores de todo o ensino público foram reprovados em um exame nacional de qualificação" (Collyns, 2008). Mais de 180 mil educadores fizeram a prova.

É uma escola bancária, parafraseando Freire, que tenta depositar nos alunos uma enorme quantidade de informação, um acúmulo como nunca antes visto. Assim, a escola se transforma numa odisseia onde professores e alunos correm atrás de um *currículo* que nunca alcançam, chegando, na melhor das hipóteses, a 60 ou 70% do planejamento anual.

> Quem determina em definitivo o que os alunos estudam ou não, muitas vezes, é o calendário e a sorte, já que os temas a serem abordados perto do final do ano são os que correm mais risco de não serem estudados.

Trata-se de uma época de paradoxos, já que nunca na história da humanidade as pessoas estiveram tão bem informadas sobre o mundo circundante, porém, as avaliações nacionais e *internacionais* mostram alunos que não entendem o que leem, não sabem se comunicar ou expressar um ponto de vista, muito menos resolver um problema ou fazer um plano para alcançar alguma meta.

> Um bom exemplo disso pode ser observado no estudo realizado pelo American Institutes for Research, sobre o nível de conhecimento dos estudantes e graduados nos Estados Unidos, publicado no ano de 2006.
> Esse documento apresenta um quadro preocupante: 20% dos estudantes de faculdades que completaram estudos de 4 anos de duração e 30% dos estudantes que fizeram estudos de 2 anos de duração nos Estados Unidos possuem somente habilidades básicas de alfabetização matemática.
> Isso significa que esses estudantes norte-americanos são incapazes de estimar se o carro tem bastante combustível para chegar ao próximo posto de gasolina ou calcular o custo total para providenciar a compra de materiais para escritório.
> Fonte: AIR (2006).

Isso sem falar das outras dimensões que fazem parte dos objetivos educativos, acerca dos quais não se tem indicadores de avaliação; tais como formas de pensamento, valores, cidadania, saúde, tecnologia, entre outras.

Demandas educativas em um mundo que se transforma

Uma das características predominantes da educação atual é o visível aumento de demandas. Vivemos em uma era de múltiplos desafios que terminam gerando, cada um deles, demandas educativas; assim, temos assistido nos últimos cinquenta anos à emergência de numerosas "educações": ambiental, emocional, para a cidadania, para a liberdade, para o desenvolvimento, para o consumo, sexual, para a dependência de drogas, para o trânsito, para a saúde, para o trabalho e o empreendedorismo, multicultural, tecnológica, artística, musical, para a convivência, educação em valores, religiosa, em línguas estrangeiras, física, educação para a paz, em direitos humanos, entre outras. Sem falar dos conteúdos da educação básica e média, em que a educação também cumpre funções de alfabetização linguística, matemática e cultura geral – introduzindo conhecimentos de biologia, história, física, química, geografia e estudos sociais –; além da formação para o pensamento crítico, para a tomada de decisões, para a socialização, ou seja, para a integração à sociedade, partilhando valores, normas e regras sociais, para *aprender a aprender*, entre outras.

Fica cada dia mais em evidencia que, neste momento de transição histórica, as demandas sociais estão superando as possibilidades de resposta dos sistemas educativos tradicionais.

Acreditamos que a educação enfrenta uma série de desafios em um mundo que se transforma, por isso deve-se refletir sobre a sua missão

> De acordo com Pozo (1989, p. 37), a cultura atual demanda formação permanente e reciclagem profissional em todas as áreas produtivas, como consequência de um mercado de trabalho "complexo, mutável, flexível e, até mesmo, imprevisível", associado a um acelerado ritmo de mudança tecnológica.
>
> Por isso a necessidade de *aprender a aprender* é uma das características que definem essa cultura, pois temos de estudar temas variados e complexos e aplicá-los a contextos diversos, que se mantêm em evolução permanente.

e, sem dúvida, redefinir muitas de suas tarefas substantivas, em especial aquelas que se relacionam às necessidades da sociedade em matéria de aprendizagem e formação permanente.

Muitos especialistas que trabalham em uma ou outra corrente teórica da educação têm oferecido respostas, que apesar de sua boa vontade terminaram sendo reducionistas; centrados no seu próprio campo de estudo e envolvidos em comunidades semifechadas só têm enxergado um aspecto particular e focado um recorte da realidade, achando que tudo se reduz a esse olhar.

Cada um desses grupos (22 só para mencionar alguns) tem dedicado tempo e esforços na construção de abordagens teóricas acerca de demandas detectadas segundo seu recorte da realidade de estudo, e elaborado aproximações teórico-práticas e conteúdos. Até mesmo muitos deles têm conseguido, em função de seu esforço, a institucionalização e o reconhecimento social necessários para converter as suas abordagens em políticas educativas.

Isso tem significado uma pressão contínua sobre os professores e alunos da escola, e faz que, em muitas instituições nas quais se estuda 5 horas, os alunos tenham dois períodos de 2 horas e 22,5 minutos destinados à sala de aula, com um recreio de 15 minutos no meio. Na prática, o que observamos é que os alunos não aguentam esse ritmo e os professores se veem obrigados a dar pausas (ilegais) que possibilitem um mínimo trabalho educativo.

> A chamada epistemologia da complexidade foi proposta pelo pensador contemporâneo Edgar Morin:
> "Em um primeiro olhar, a complexidade é um tecido (*complexus*: o que é tecido junto) de constituintes heterogêneas inseparavelmente associadas: ela coloca o paradoxo do uno e do múltiplo.
> Num segundo momento, a complexidade é efetivamente o tecido de acontecimentos, ações, interações, retroações, determinações, acasos, que constituem nosso mundo fenomênico. A complexidade se apresenta com os traços inquietantes do emaranhado, do inextricável, da desordem, da ambiguidade, da incerteza."
> Fonte: Morin (1998b, p. 13).

Necessitamos entender que todos falam da mesma escola, do mesmo tempo, da mesma quantidade de dias; entendemos que não é saturando os professores e alunos, ainda com mais conteúdo, que conseguiremos atingir os objetivos; a escola mesma apresenta uma *complexidade* que muitos educadores ainda não conseguem entender. Perrenoud (2005) diz que sempre que queremos somar algo a mais no currículo, alguma coisa tem de ser sacrificada, temos de entender os limites da educação e a enorme variedade de demandas e expectativas que se tenta responder. Do mesmo modo, temos de entender os limites da educação ambiental e seu papel na transformação educativa em curso.

A educação não pode ser reduzida a nenhuma das suas inúmeras demandas, já que todas elas representam aspirações sociais genuínas. Na medida em que não geramos um verdadeiro esforço para quebrar os cercos, abrindo o diálogo entre as diversas aproximações, em um movimento de integração, não poderemos produzir mudanças significativas na educação dos nossos jovens.

Ao mesmo tempo, isso significa um reconhecimento de que a educação de uma sociedade não pode nem deve ficar restrita ao sistema educativo, mas deve começar a ser seriamente considerada como uma estratégia transetorial, na qual todas as áreas de gestão devem estar engajadas na educação, nas políticas culturais, de saúde, de trabalho, de segurança, entre outras.

> Falamos da superação do modelo de planejamento de política pública estanque, realizado por setores independentes que não se articulam na consecução de objetivos comuns, promovendo o planejamento integrado.

Deve apresentar uma *visão transetorial integrada*, e não uma somatória de ações, muitas vezes, incoerentes e até contraditórias, duplicando estruturas administrativas em detrimento da eficácia e da eficiência.

Crise da chamada educação ambiental

Os educadores ambientais, muitas vezes, não têm podido enxergar a complexidade da própria educação, desconhecendo as outras demandas educativas da sociedade, das escolas, dos professores, alunos e pais; isolando-se na maioria das vezes nas áreas de ciências naturais ou geografia da escola.

Fica fácil entender esse fato considerando-se as origens da educação ambiental, como reação aos impactos do progresso moderno: a contaminação da água, do ar e dos solos, o perigo de extinção de espécies animais e vegetais, e o risco de esgotamento dos recursos naturais renováveis e não renováveis.

Ou seja, a prática foi reduzida, na maioria dos casos, a uma visão *ecológica conservacionista*, e como já foi dito, a um tema a mais entre os denominados emergentes da comunidade ou, temas transversais; em um pé de igualdade com temas como a educação para a cidadania, educação para a saúde ou educação para a paz, desconhecendo a trama de relações presentes entre os diversos temas que formam o socioambiente em que vivemos.

No entanto, o problema é que mesmo as visões *socioambientais*, que promovem a formação de uma cidadania crítica, têm sido reduzidas, na prática, a atividades ecológicas.

O problema está radicado na concepção de uma EA que, longe de constituir-se em uma função adjetivadora da educação, destacando o papel da educação no contexto atual em função das demandas sociais, como eixo problematizador de todas as instâncias educati-

---

Nas redes especializadas retornam os velhos debates se a educação ambiental deveria ser uma disciplina ou um eixo transversal; e em muitos casos, destacados líderes começam a justificar a necessidade de criar disciplinas, já que os eixos transversais não funcionaram de fato nas escolas. Segundo eles, é melhor algo que nada, não? Essa é a justificativa.

Não só se está perdendo de vista o objeto de estudo, mas também o reconhecimento dos seus limites, que destacam a necessidade de diálogo interdisciplinar com outros especialistas e setores educativos.

A educação ambiental (EA) conservacionista está focada em resolver e prevenir os problemas causados pelo impacto das atividades humanas nos sistemas biofísicos, por meio do desenvolvimento de habilidades para a gestão ambiental, a partir de perspectivas científicas e tecnológicas, biológicas e ecológicas.

É preciso que a EA seja uma educação baseada em um conhecimento complexo e integrado da realidade, incorporando o ser humano e suas problemáticas de vida.

Isto é, a incorporação da pedagogia social ao campo da educação ambiental.

Um estilo educativo que aborde os modelos de desenvolvimento, suas bases culturais, o comportamento dos mercados e dos diversos setores envolvidos; baseado na pedagogia da complexidade, atendendo às formas de pensamento, às bases epistemológicas dos conhecimentos, às metodologias, os contextos organizacionais e os valores e afetos que vivenciam os atores educativos.

vas, acaba por converter-se em uma educação em particular a ser inserida na educação geral.

Quem sabe aí esteja o verdadeiro problema, ao querer constituir-se em uma educação em particular, termina isolando-se e limitando as possibilidades de transformação que, em nosso entender, a relação educação-ambiente deveria possibilitar.

É que, ao mesmo tempo em que elaboramos aproximações teóricas alternativas, com um espírito transformador, a cultura tradicional ainda permeia as nossas práticas; uma prova disso é o paradoxo que envolve a educação ambiental: quanto mais a consolidamos como área de conhecimento, e a fortalecemos como campo, mais profundo é o recorte disciplinar produzido na realidade educativa, e mais limitamos a sua capacidade transformadora na escola.

> Segundo o *Dicionário Michaelis*, a palavra ambiente significa "O que envolve os corpos por todos os lados. Aplica-se ao meio em que vive cada um; o meio em que vivemos ou em que estamos: *Ambiente físico, social, familiar*."
>
> A palavra ambiente, segundo o *Dicionário de Latim Palladium*, deriva do latim: *ambio, ambivi, ambitum* e seu significado é rodear, o que nos rodeia.
>
> No entanto, ambiente tem sido usado em diversos contextos com conotações próprias.
>
> Assim, na teoria geral dos sistemas, um ambiente define os fatores externos que atuam sobre um sistema e determinam seu curso.
>
> Na ecologia, o ambiente é o conjunto de fatores externos que atuam sobre um organismo, uma população ou uma comunidade.
>
> E na sociologia e história, ambiente significa a cultura em que um indivíduo vive e o conjunto das pessoas com quem ele interage.

Acreditamos que é preciso refletir sobre a relação entre a educação e o *ambiente*, ou melhor, ainda que redundante, entre a educação e o socioambiente, mas sem esquecer as múltiplas relações existentes entre este e a educação, entre o ensino e a aprendizagem.

Então, para nós, o ambiente é um fator externo e que nos rodeia, mas, ao mesmo tempo, do qual somos parte integrante, e que envolve dimensões naturais e sociais. Assim como a evolução do planeta Terra tem sido interatuante, no sentido de que a vida não veio habitar um planeta morto, mas este foi desenvolvendo-se em relação à vida, nas suas múltiplas interações e retroações. Em relação ao ambiente, poderíamos dizer que não se apresenta, como assinalado por Vygotsky, como uma realidade externa ao sujeito, um dado a ser considerado de forma independente, mas como um "contexto em relação a" que representa a expressão da viva interação social entre os indivíduos. Em decorrência dessa compreensão, o ambiente é, antes de tudo, cultural e se constitui pela ação dos indivíduos.

A partir dessa compreensão, torna-se impossível a consideração de um elemento separado de seu ambiente que o significa, e que ao fazê-lo define o todo, possibilitando a sua compreensão. Assim, a relação entre a dimensão social e a natural do ambiente encontra-se definida pelos modelos de produção; estes são definidos pelos modelos de desenvolvimento; e estes pela cultura, que por sua vez define a educação e os modelos de vida e compreensão de mundo de um período histórico.

O ambiente, sob essa perspectiva também é um contexto, entendendo este último não como um mero pano de fundo, mas como o produto de uma relação histórica entre elementos naturais e culturais derivados da segunda natureza do ser humano, a cultura.

EDUCAÇÃO E AMBIENTE: POTENCIALIDADES

Em uma fase de transição de uma época a outra, como a que estamos vivendo, instala-se o debate epistemológico em um processo cuja dialética se define entre o certo e o incerto, o estável e o instável, o contínuo e a ruptura. (Luzzi, 2007)

> Muitas delas sequer têm conseguido sair do papel e têm criado mais confusão e incerteza.
> Não é somando mais conteúdos no currículo, propondo eixos transversais que gerem mais divisões artificiais da realidade, projetos escolares desarticulados, cursos de capacitação de professores desconexos ou buscando novas tecnologias para ampliar o modelo educativo tradicional que vamos resolver os problemas da educação.

Entendemos que se faz necessária uma forte ruptura, nas políticas educativas compensatórias, "ou de remendo", que mostram um evidente esgotamento.

Esse momento está dominado não só pela inteligência cega e o reducionismo, como cita Morin (1998), mas também pelo diálogo de surdos e pela preeminência do fazer de contas, não só com referência aos outros, mas fundamentalmente em relação a nós mesmos, simbolizando assim a crise do ser na sociedade de consumo, caracterizada fundamentalmente por uma forte hipocrisia social, acompanhada de uma dose de ceticismo.

Como *Perrenoud* (2005, p. 13) já disse, a escola é reflexo da sociedade em que se insere, não podemos pretender que seja um "santuário

> "A escola somos nós"

à margem do mundo, nem um superego. Não se pode exigir que ela preserve ou inculque valores que uma parte da sociedade vilipendia ou só respeita da boca para fora".

A educação vivencia a mesma crise de visão de mundo, estilos de pensamento, valores, violência, individualismo, dependência de drogas, depressão, corrupção, perda de credibilidade e todos os problemas que a sociedade em seu conjunto manifesta, já que a escola mesma é uma microssociedade, produto daquela maior.

É necessária uma reforma completa que reveja a educação, desde as suas bases. Já não são suficientes as mudanças cosméticas, os adjetivos ou a educação oferecida particularmente. As verdadeiras alternativas para construir uma sociedade e uma educação melhor mudam a forma como enxergamos a nós mesmos, a sociedade, o mundo, mas também a escola. Devemos compreender os desafios presentes como uma forma de superar o modelo de vida profundamente irracional que nos envolve.

De nada serviria tentar analisar a situação da educação na realidade atual sem questionar em profundidade a nossa visão, não só de sociedade, mas também de escola. Chegou o momento de mudar as perguntas – não buscar mais respostas para as perguntas que guiaram a educação nos últimos cem anos. O mundo mudou, vivemos em um contexto dinâmico, caótico, incerto, em todos os níveis: político, social, cultural, econômico e ecológico.

A escola é um todo e deve ser encarada como tal, por isso, entendemos que a educação necessita uma profunda reforma, já não são suficientes os cursinhos de pedagogia (fazendo de conta que formamos professores), os eixos transversais (fazendo de conta que reformamos os currículos), a elaboração de laboratórios de informática (fazendo de conta que modernizamos a tecnologia educativa) e toda a gama de artifícios que estão sendo utilizados para tentar adequar a educação para atender as demandas atuais.

Desse modo, entendemos que o conceito de ambiente pode nos ajudar a refletir não só sobre o papel histórico da educação no contexto, analisando a sua adequação ou inadequação às demandas sociais objetivas e subjetivas, mas também pode nos ajudar no resgate das características que determinam, em grande parte, as condições da comunicação educativa e a relevância cultural dos conteúdos e atividades em cada grupo social, determinando em grande parte o sucesso do processo educativo.

O conceito de ambiente nos ajuda a refletir sobre as visões de mundo que a escola difunde e sobre a construção da identidade individual e coletiva (na relação sujeito-objeto); mas, sobretudo, nos ajuda a entender o nosso lugar no mundo. É um conceito por meio do qual podemos penetrar fundo na definição do que é conhecer, aprender e ensinar.

Este conceito também pode ajudar a compreender a complexidade da escola, considerando o ambiente local, institucional e das salas de aula como espaços de aprendizagem e de interações sociais.

Ao mesmo tempo, o ambiente pode ser um articulador natural dos conhecimentos de todas as áreas do currículo, constituindo um *centro de interesse integrado* e um método didático natural, que siga as inclinações espontâneas dos seres na sua exploração do mundo, desde o nascimento até a morte.

> Ovídio Decroly propôs que o ensino se desenvolva por *centros de interesse*. Os conhecimentos não se apresentarão classificados por disciplinas, em quadros lógicos formais, que carecem de maior significação para o aluno.
> Propõe criar um laço entre as disciplinas, para fazê-las convergir ou divergir de um mesmo centro, tendo-se sempre em conta o *interesse* da criança, que, segundo ele, é a alavanca de tudo.

O conceito também constitui uma ótima oportunidade para refletir sobre os limites do sistema educativo em relação às demandas socioeducativas da comunidade. A complexidade afeta a nossa compreensão da educação, possibilitando a construção de visões transetoriais e a distribuição de responsabilidades educativas, sepultando as visões ingênuas que ainda entendem educação como sinônimo de instituição escolar.

Neste momento, é necessária uma reflexão profunda sobre o que estamos fazendo, questionando coisas que sempre demos por sabidas e certas, será que nesse novo olhar os novos prédios e salas de aula que estão sendo construídos têm de possuir as mesmas características de sempre? Será que a instituição escolar deve continuar sendo dividida em estratos infantil, fundamental, médio e superior? Será que a escola tem um papel no desenvolvimento socioeconômico das comunidades de que faz parte ou só é responsável pela alfabetização linguística e matemática? Ou será que, como algumas autoridades costumam dizer, com uma boa gerência dos diretores, tudo se resolve?

Estamos no limiar de um novo capítulo na história da educação. Nosso desafio é pensar sobre ela em um contínuo processo de mudança, tentando desenvolver a educação do presente sem renegar a educação do passado, mas apostando na educação do futuro.

2 | As demandas sociais

A educação se encontra intimamente relacionada com o ambiente em que se origina. Dependendo da situação cultural, científica, política e econômica de cada período histórico, a educação tem assumido um ou mais papéis sociais e tem promovido modelos, métodos, tecnologias e visões de mundo diferenciados.

Interrogando-nos acerca deste momento histórico e das suas demandas, podemos observar uma crise que vai muito além dos problemas ambientais que todos conhecemos e que abrange as problemáticas de vida de enormes setores da sociedade mundial. A insustentabilidade não é só ecológica, mas também social. Uma problemática que, como veremos, degrada tanto o meio ambiente natural como a qualidade de vida da população e que se origina no modelo de organização social que determina os padrões de produção, os padrões de consumo e os padrões de vida da população, por meio da educação e da cultura.

AMBIENTE E EDUCAÇÃO: UMA RELAÇÃO HISTÓRICA

Uma rápida olhada na história da sociologia da educação parece reforçar a ideia de que a educação é influenciada pela sociedade ou pelas necessidades sociais (funcionalismo); ou pela economia, pelo sistema de classes e pela ideologia (marxismo); ou pelos grupos de poder (reprodutivismo).

Educação e meio ambiente

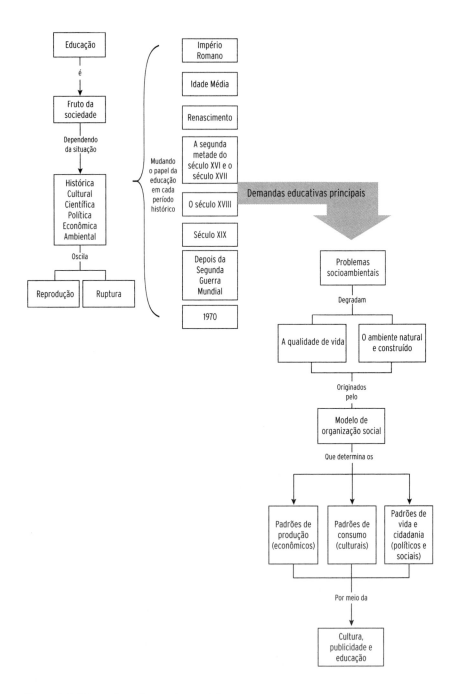

Figura 2.1: Educação e demandas sociais.

Até mesmo os enfoques microssociológicos, que questionam as visões macrossociológicas pelo seu determinismo – como as teorias interpretativas: o interacionismo e a fenomenologia – apresentam interações entre os atores sociais que configuram as diversas realidades educativas, possibilitando inferir uma forte influência social sobre a educação.

A educação é fruto de um modelo de desenvolvimento, de condições culturais, econômicas e sociais concretas. Fatores como a situação *histórica, cultural e científica e a estrutura social, política e econômica* têm influência sobre a educação.

Esta é uma construção cultural que tem como objetivo socializar os indivíduos para a sua inserção na sociedade; a escola é parte da sociedade e, apesar do seu forte caráter reprodutor (requisito da sobrevivência da mesma sociedade), coexiste em um ambiente conflitante, que oscila entre conservação e mudança, ilustrando o dinâmico equilíbrio do tecido social que impulsiona a evolução humana.

Isso significa que é, ao mesmo tempo, um instrumento de preservação e um instrumento de transformação; um espaço onde se fazem evidentes as diferenças entre o que se apregoa e o que se vivencia todos os dias na realidade; onde as contradições sociais batem de frente e os fatos mais relevantes da vida cotidiana ficam sem resposta convincente, produzindo desequilíbrios intelectuais e afetivos que mobilizam a mudança das diversas gerações, muito além do planejado pela política educativa ou pelos professores.

No Império Romano, a educação foi considerada pela primeira vez como uma política de Estado, organizada pelas pessoas livres para formar os setores dirigentes, ou seja, uma educação utilitária e militarista.

Na Idade Média, já com a igreja no poder, a educação foi utilizada para difundir sua mensagem. Até mesmo a partir de Constantino (século IV), o Império adotou o cristianismo como religião oficial e utilizou a escola como um aparato ideológico do Estado.

No Renascimento, a sociedade europeia ocidental vivenciou uma crise em todas as ordens da vida, mudando do sistema feudal para o sistema de monarquia absoluta: uma transformação dos valores econômicos, políticos, sociais, filosóficos e religiosos que tinham constituído a civilização medieval.

A educação veio cumprir o papel de formar o homem burguês; uma educação que resultou contrária aos estudos teológicos medievais, valorizando os estudos clássicos e as ciências do homem.

A segunda metade do século XVI e o século XVII representam um período de conquista da natureza: Galileu, com a teoria heliocêntrica; Kepler, com as órbitas elípticas; Descartes, com o discurso do método; Bacon, com o método indutivo de investigação científica. A educação nesse período refletia as mudanças da sociedade e possibilitou o surgimento da chamada pedagogia moderna, a Didática Magna de Comênio, que postula que, em vez de ensinar palavras, devemos ensinar o conhecimento das coisas, tomando a observação e a experiência como ponto de partida do método de ensino e de proposta de organização escolar.

A educação então assumiu dois papéis principais. Por um lado, as classes dirigentes receberam uma educação humanística, para a sua inserção nas cortes; por outro, as classes populares receberam uma educação prática, para trabalhar nas fábricas.

O século XVIII significou um novo período de ruptura, o fim do absolutismo; →

> → uma época na qual a ilustração pretendeu iluminar com a razão todos os problemas de seu tempo, combatendo erros e preconceitos da Idade Média. "A ilustração, em verdade, foi um movimento econômico, social, político e cultural no qual confluíram movimentos contrapostos, o empirismo e o racionalismo; uma época na qual as camadas populares reivindicaram mais saber e educação pública e quando, pela primeira vez, o Estado instituiu a obrigatoriedade escolar. O iluminismo educacional representou o fundamento da pedagogia burguesa, que até hoje insiste predominantemente na transmissão de conteúdos e na formação individualista. A burguesia percebeu a necessidade de oferecer instrução mínima para a massa trabalhadora. Por isso a educação se dirigiu para a formação do cidadão disciplinado" (Gadotti, 1992, p. 87).
>
> *Desde princípios do século XIX* a educação foi ideada como um dos principais elementos da integração nacional. "Diversos autores (Tedesco, 1986; Weinberg, 1986) destacaram que o principal papel que a educação desempenhou a partir de fins do século XIX foi mais político que econômico: integrar populações, incorporar a cultura aos novos imigrantes, que traziam valores e costumes diferentes, e dotar de hegemonia um Estado que ainda era muito fraco. A consolidação dos Estados Nacionais foi um dos principais papéis da educação neste período, pela imposição de símbolos pátrios, rituais e próceres, ritos que ainda sobrevivem em muitas escolas." (Filmus, 1994).
>
> *Depois da Segunda Guerra Mundial* necessitava-se de recursos humanos para a reconstrução do pós-guerra. Isso somado à crescente mudança tecnológica gerou uma enorme demanda de especialistas. Ao sistema educativo foi concedido o papel de treiná-los e selecioná-los.
>
> Essa preocupação com os recursos humanos caracterizou a teoria funcionalista nos anos de 1950. A educação assumiu um papel mais relevante, porém instrumental à economia e à política. →

A educação reflete a sociedade na qual se desenvolve, tentando dar resposta aos desafios específicos e representando as visões de mundo que emergem em cada período histórico, tanto para a reprodução como para a transformação social.

FINS DA EDUCAÇÃO: AS DEMANDAS SOCIAIS

Como podemos observar, os sistemas educativos apresentam em seu devir histórico uma dinâmica que pode ser justificada, ao menos em certo grau, em função das variáveis do ambiente do qual emergiram. Nas distintas épocas da história da humanidade identificam-se, nas instituições educativas, mudanças nos objetivos, conteúdos, métodos, tecnologias utilizadas, estratégias, sistemas de avaliação, entre outros.

A educação que um povo assume, em um determinado momento do seu processo histórico, é resultado do diálogo de um conjunto de forças sociais em conflito, que representam concepções sobre o conhecimento, a aprendizagem, a sociedade e o mundo. Já de acordo com Mizukami (1986, p. 87) "a história consiste [...] nas respostas dadas pelo homem à natureza, a outros homens, às estruturas sociais, de ser progressivamente cada vez mais sujeito de sua práxis, ao responder aos desafios de seu contexto".

A educação emerge dessa história e se traduz na resposta organizada a esses desafios e aos sonhos que os diferentes grupos sociais trazem em seu imaginário coletivo. Isso não significa, de modo algum, assumir uma posição utilitarista, de reduzir a educação a um papel instrumental dedicado à satisfação das necessidades atuais através de conhecimento e ação, mas de reconhecer que toda sociedade, ao menos em parte, define as suas ações educativas com vistas a reproduzir valores e resolver problemas sociais emergentes.

Acreditamos que a educação é filha – reflexo – de um modelo de desenvolvimento, de condições culturais, econômicas e sociais concretas. Fatores como a situação histórica, cultural e científica e a estrutura social, política e econômica têm influência sobre a educação.

Pode-se dizer, então, que em um lugar determinado, considerando as variáveis tempo e espaço, a educação será mais ou menos adequada aos condicionantes da sociedade que a desenvolve.

Isso significa reconhecer como característica fundamental da educação seu caráter dinâmico, contextual e subjetivo. Assim, neste período histórico, e desde a perspectiva sócio-histórica que assumimos, entendemos que a relação homem-natureza não pode ser definida como uma dicotomia caracterizada por opostos em conflito; nem pelo domínio da natureza sobre o homem, no sentido russeauniano do termo; nem pelo domínio do homem sobre a natureza, no sentido descartiano. Entendemos que esta relação é construída dialeticamente na história das relações do homem consigo mesmo, com os outros homens e com o ambiente, do qual é parte integrante.

> → O pensamento pedagógico se orientou ao pragmatismo e ao instrumentalismo por meio da Escola Nova, corrente da qual John Dewey (1859-1952) foi um destacado representante. A Escola Nova acompanhou o progresso da sociedade capitalista. A pedagogia norte-americana recorreu ao método de projetos para globalizar o ensino a partir de atividades manuais e também a outros métodos, como de centros de interesse, do belga Decroly (1871-1932). Nesse panorama, além das funções de socialização e de formação, a educação deveria dar *status* às pessoas (Gadotti, 1992).
>
> A educação representava a possibilidade de ascensão social e começava a ser considerada o motor do desenvolvimento econômico, como postulava a Teoria do Capital Humano de Schultz (1967): uma visão educativa na qual existe uma relação entre crescimento econômico e taxa de escolarização, e uma relação positiva entre ingressos e nível educativo. Dessa maneira é vista a educação como outra forma de capital físico, como um investimento rentável.
>
> Já a partir dos anos 1970 começou uma era de desencanto: renunciou-se à ideia de progresso e à ideia da educação como possibilidade de ascensão social. As instituições começaram a perder influência. Uma época na qual emergiu a teoria crítica da educação. Uma corrente integrada por três linhas teóricas: o sistema de ensino enquanto violência simbólica de Bourdieu e Passeron; a escola como Aparato Ideológico do Estado, de Althusser e a teoria da escola dualista de Baudelot e R. Establet.
>
> Nesse contexto é que emergiu Paulo Freire, com uma proposta ativa, crítica e libertadora.

Por isso, entendemos que a análise das demandas sociais deve integrar, por um lado, uma perspectiva pragmática e relevante da educação, relacionada com as problemáticas de vida da população; mas, por outro, considerar uma educação idealista, sinalando as mudanças necessárias para melhorar a sociedade e nos fazer mais humanos, na busca de valores de vida qualitativamente superiores. Uma sociedade na qual as pessoas tenham valor por si mesmas e não pelo que possuem.

Como veremos, neste princípio de século, a sociedade apresenta aos sistemas educativos desafios sem precedentes. Será que nosso sistema educativo baseado na segmentação do sistema em Ensino Fundamental, Médio e Superior, com uma universidade que ainda reflete o modelo de Paris do ano 1200, e uma metodologia pedagógica criada nos princípios do século XIX, na qual há uma centralidade na figura do professor, na bibliografia e no repasse simples de informações – ainda pode dar conta desses desafios, ou fazem-se necessárias profundas reflexões, questionamentos e mudanças, não só dos fins, mas também dos meios, para podermos responder com sucesso a eles?

Para responder a esses questionamentos, teremos que, em primeiro lugar, identificar o contexto atual e os desafios que a sociedade enfrenta, tentando compreender de que forma deve-se transformar a educação para responder não só às necessidades atuais, mas também às necessidades futuras da humanidade.

Degradação da natureza

> *A natureza pode satisfazer todas as necessidades básicas do homem, porém não todas as suas ambições.*
>
> Mahatma Gandhi

A degradação da natureza tem expressão clara em fatores como a mudança climática, as precipitações ácidas, o desmatamento, a erosão e a desertificação, a contaminação hídrica, atmosférica e dos solos, bem como a perda da diversidade biológica, entre outros.

Existem numerosos indicadores que ilustram essa emergência. O relatório do IPCC de 2007 informa que os últimos 12 anos, de 1995 a 2006, estiveram entre os mais quentes já registrados, desde 1850 (IPCC, 2007). O mesmo tem acontecido com os desastres naturais, desde o ano 2004 até 2007 foram-se quebrando recordes no número de desastres e na sua intensidade ano a ano. Em 2004, foram registrados 641 desastres naturais; em 2005, 650; no ano de 2006, foram documentados 850 desastres naturais; e em 2007, 960. Assim, fomos de 641 desastres a 960, em 4 anos (Topics Geo, 2005,

2006, 2007, 2008).Do ponto de vista dos recursos naturais, a visão não é menos preocupante. Em 2005, segundo a Avaliação dos Recursos Florestais Mundiais da FAO (2005), a perda líquida de área florestal no mundo (2000-2005) prosseguia a um ritmo alarmante – 13 milhões de hectares ao ano –, sem considerar aqueles entre 5 e 7 milhões de hectares de terra fértil perdidos pela erosão; a desertificação, que já tinha alcançado 30% da superfície da Terra; e a salinização, que tem causado danos a aproximadamente 30 milhões dos 237 milhões de hectares irrigados da superfície agrícola, além de aproximadamente 80 milhões de hectares que já estavam afetados em certo grau.

A biodiversidade também se encontra ameaçada como nunca. O Relatório da IUCN afirma que em todo o mundo, mais de 800 espécies de animais foram extintas. Para se ter uma clara noção da tendência, em 1996, no *Livro Vermelho* da IUCN, as espécies consideradas ameaçadas de extinção eram 10.533; em 2008, já alcançavam 16.928. As espécies silvestres estão sendo extintas 50 a 100 vezes mais rápido do que o seriam de forma natural.

> O *Livro Vermelho* do Ministério do Meio Ambiente do Brasil ilustra a mesma problemática. A lista de animais ameaçados de extinção no Brasil praticamente triplicou nos últimos 15 anos. De 217 espécies sob risco em 1989, passaram a ser 627 em 2004.
> 130 invertebrados terrestres, 16 anfíbios, 20 répteis, 160 aves, 69 mamíferos, 78 invertebrados aquáticos e 154 peixes. E essa é a grande novidade da lista: agora os peixes estão incluídos.
> Fonte: MMA (2008).

Esses indicadores ilustram uma sociedade já ameaçada, não só pelas lutas de classes ou pela guerra, mas pela luta da sobrevivência, em um mundo que tem-se mostrado finito, referindo-nos aos recursos naturais; frágil, pelo fato de que o equilíbrio global depende de inúmeras e desconhecidas relações entre os seus elementos constituintes mais imperceptíveis; inconquistável, já que o velho sonho de controlar a natureza por meio da ciência e da tecnologia da modernidade tem-se transformado, como um pesadelo, em uma crise global de magnitudes desconhecidas; e poderoso, já que, uma vez quebrado o equilíbrio ambiental, o mundo reage de formas assustadoras: deslizamentos de terra e furacões que engolem cidades, tormentas violentas que deixam milhares de refugiados, secas históricas que geram mais fome e vulnerabilidade social, entre outros.

No entanto, o problema atual não se restringe à natureza: o modelo de desenvolvimento e a cultura predominante, além de impactarem fortemente o ambiente natural, têm trazido problemas para a vida de grande número de habitantes do planeta.

Degradação da qualidade de vida

> No século XXI, mais de 1 bilhão de pessoas sobrevivem com menos de 1 dólar por dia e 1,5 bilhão de pessoas com 2 dólares.
> Isso significa que 40% das pessoas que habitam este mundo lutam cotidianamente pela sua sobrevivência, defendendo-se da extinção como mais uma espécie natural.
> Essa pobreza terá um enorme impacto nas pessoas e no futuro dos países: a pobreza e a indigência impõem que 40% da população do mundo careça de acesso à água potável, saneamento e educação: "1,1 bilhão de pessoas sem acesso a fontes de água potável, 2,6 bilhões sem acesso a saneamento melhorado, e mais de 115 milhões de crianças sem acesso ao ensino primário mais básico".
>
> Fonte: PNUD (2006, p. 2).

Não é apenas a natureza que está sendo degradada, também a qualidade de vida de enormes setores da população mundial, o que pode ser evidenciado não só na *pobreza* extrema, no empobrecimento gradual e na exclusão social, na saúde física ou na falta dela, nas mortes evitáveis, na esperança de vida ao nascer, mas também na saúde psicológica, no sentimento de perda da dignidade, na violência social, na angústia, na depressão e no suicídio, no isolamento individual e no enfraquecimento das redes solidárias, entre outros.

A análise de situação da pobreza revela um panorama sombrio. O ano de 2005 não apresentou apenas recordes nos indicadores de degradação da natureza, do ponto de vista da qualidade de vida das pessoas, significou também um ano no qual se continuou a observar níveis inadmissíveis de privação humana – uma crise social que também está começando a entrar em eclosão, como poderemos verificar no percurso da análise.

> Como se pode observar no mapa da fome elaborado pela FAO em 2010, 925 milhões de pessoas encontravam-se subnutridas; em comparação com os 1.020 milhões do ano 2009 resulta uma redução, no entanto, a cifra continua sendo inaceitável no século XXI, e com a atual abundância de alimentos.
> 62% das pessoas subnutridas do mundo registradas nas estatísticas da FAO do ano 2010 vivem na Ásia e no Pacífico; 25% na África, ao sul do deserto do Saara; 5,7% na América Latina e o Caribe; 4% no Oriente Próximo e África do Norte; e 2% nos países desenvolvidos ou industrializados.
> A fome rouba o futuro das crianças e dos países. "A pobreza é a principal causa de milhões de mortes evitáveis e a razão de as crianças estarem desnutridas, não frequentarem a escola e serem vítimas de abusos e exploração".
>
> Fonte: Unicef (1999, p. 27).

Em meio à abundância, milhões de pessoas se encontram desnutridas e ficam com *fome* todos os dias, uma tendência crescente, já que em 2006 eram 830 milhões de pessoas, incluindo uma em cada três crianças em idade pré-escolar que ainda estavam presas em um círculo vicioso de desnutrição e seus efeitos. Em 2009, o contingente aumentou e atingiu a maior quantidade de pessoas desde o ano 1970, (primeiro ano em que se têm estatísticas comparáveis), 1.020 milhões de pessoas (FAO, 2009). Sem retóricas, em 2006 já eram "75 milhões de pessoas que estavam necessitando ajuda alimentar urgente, para salvar sua vida" (PNUD, 2006, p. 18). Hoje são muitas mais.

Uma sociedade de grandes contrastes, já que a pobreza, a fome e o analfabetismo existem não por escassez de recursos, mas por desigualdade na sua distribuição. O século XX testemunhou o aumento do consumo em um ritmo vertiginoso, chegando a 24 trilhões de dólares em 1998, o dobro do nível de 1975 e seis vezes o de 1950, refletindo o crescimento de mais de 40% do PIB mundial. Contudo, a pobreza cresceu 17% nesse mesmo período. Segundo o PNUD (1998), o mundo se encontrava cada vez mais polarizado no final dos anos de 1990. A quinta parte da população mundial, que vivia nos países de maior renda, detinha 86% do PIB mundial e 82% do mercado mundial de exportação; já a quinta parte que vivia nos países de menor renda detinha somente 1% do PIB mundial e 1% do mercado mundial de exportação.

No entanto, o mais preocupante são as tendências à *concentração da riqueza*. Nos últimos 30 anos, a participação na renda mundial dos 20% mais pobres da população mundial reduziu de 2,3% a 1,4%, enquanto a participação dos 20% mais ricos aumentou de 70% a 85%. As desigualdades mundiais aumentaram constantemente durante os dois últimos séculos. Uma análise das tendências de longo prazo na distribuição da receita mundial (entre países) indica que a distância entre o país mais rico e o país mais pobre aumentou escandalosamente: de 3 a 1 em 1820 passou a 72 a 1 em 1992 (PNUD, 1998).

> Segundo o Instituto Mundial para a Investigação do Desenvolvimento Econômico da Universidade das Nações Unidas, no ano 2006:
> - 1% da população tinha 40% da riqueza mundial.
> - 2% da população era dona de 50% da riqueza mundial.
> - 10% da população tinha 86% da riqueza mundial.
>
> Isso significa que, se a comunidade mundial fosse reduzida a uma pequena comunidade de 10 pessoas e a riqueza mundial a uma pizza com 10 pedaços, teríamos um mundo onde 1 pessoa seria dona de 9 pedaços de pizza, no entanto, 9 pessoas teriam que viver partilhando o pedaço restante.

Na América Latina a situação é ainda mais preocupante, já que, segundo a Cepal (2005, p. 3), nesse ano, 41,7% da população já se encontrava em situação de pobreza (211 milhões de pessoas) e 17,4% (90 milhões de pessoas) já tinham atingido a pobreza extrema ou a "indigência"[1]. Segundo a Cepal, a região no ano 2007 apresentava um dos

---

1. A linha de indigência refere-se à renda mínima necessária para adquirir o valor de uma cesta de alimentos com quantidades energéticas mínimas ou recomendadas. A linha de pobreza é superior à linha de indigência, pois inclui, além do valor da cesta de alimentos, todas as outras despesas não alimentares, como vestuário, moradia, transportes etc. (Del Grossi et. al., 2002).

> A desigualdade se mede com o coeficiente de Gini, que é um índice que vai de 0 a 1 (quanto maior o índice, maior é a desigualdade)

> O PNUD mostra que os 225 habitantes mais ricos do mundo têm uma riqueza combinada superior a um trilhão de dólares, o equivalente à receita dos 47% mais pobres da população mundial (3 bilhões de habitantes).
> As três pessoas mais ricas têm ativos que superam o PIB total da África ao sul do Saara. A riqueza das 32 pessoas mais ricas supera o PIB total da Ásia meridional. Os ativos das 84 pessoas mais ricas superam o PIB da China, o país mais povoado do mundo, com 1,2 bilhão de habitantes.
> Outro contraste surpreendente é a riqueza das 225 pessoas mais ricas em comparação com os recursos necessários para conseguir o acesso universal aos serviços sociais básicos para todos. O PNUD estima que o custo de prover acesso universal ao ensino básico para todos, assistência básica de saúde para todos, assistência de saúde reprodutiva para todas as mulheres, alimentação suficiente para todos e água limpa e saneamento para todos é inferior a 4% da riqueza combinada das 225 pessoas mais ricas do mundo.

maiores índices de *desigualdade social* do mundo; sendo o Brasil campeão da desigualdade, com um índice de 0.59.

Evidentemente, o local do mundo onde se nasce contribui para determinar as possibilidades de vida.

A *desigualdade*, a pobreza, a qualidade de vida e a qualidade ambiental estão intimamente atreladas. A pobreza do passado aprofunda a pobreza do presente, dificultando a participação plena como cidadãos, a leitura crítica dos meios de comunicação e o acesso à educação de qualidade, aos serviços de saúde, à alimentação adequada; assumindo um papel ativo na proteção da biodiversidade e dos recursos agrícolas, o controle do desmatamento, a prevenção da desertificação, entre outros. Como coloca Bifani (1997, p. 127): "Os pobres se veem obrigados a esgotar os recursos naturais para sobreviver, empobrecendo-se ainda mais. Este é o principal obstáculo para transitar rumo a um mundo sustentável".

Como se esse panorama não fosse por si só pouco alentador, há o fato de que os mais ameaçados são os jovens, a força motriz da sociedade. Segundo reconhece a Organização Mundial do Trabalho, no seu relatório sobre tendências mundiais de emprego juvenil de 2006, o mundo enfrenta uma crise do emprego juvenil. "Um de cada três integrantes da população juvenil mundial de 1,1 bilhão de pessoas entre 15 e 24 anos está buscando trabalho sem sucesso, abandonou essa busca por completo ou está empregado, mas vive com menos de 2 dólares diários" (OIT, 2006, p. 9). O relatório informa que, na última década, o número de jovens desempregados aumentou de 74 para 85 milhões, um incremento de 14,8%, e ratifica que a juventude de hoje enfrenta um déficit de oportunidades muito maior que os adultos: os jovens representam 44% dos desempregados, sendo a sua participação na população economicamente ativa só de 25%.

Mas, segundo o relatório, o desemprego não é o único problema que os jovens têm de enfrentar, já que a maioria dos que trabalham continua sendo pobre: 56% dos jovens trabalhadores têm longas jornadas de trabalho, contratos temporários, salários baixos e escassos ou sistemas de proteção social nulos. Esse modelo desencoraja outros jovens a buscar trabalho, já que vêem nele uma garantia de pobreza.

A *violência*[2], em parte, é resultado desse processo e uma das principais causas de óbito em todo o mundo para a população de 14 a 44 anos de idade. A cada ano, 1,6 milhão de pessoas perde a vida e muitos milhões mais sofrem lesões não mortais como resultado da violência autoinfligida, interpessoal ou coletiva, segundo a Organização Mundial da Saúde (OMS).

Essa situação gera um alto nível de incerteza, já que os jovens representam o futuro. A incapacidade de encontrar emprego fortalece a relação intrínseca entre desemprego, exclusão social e violência urbana. Por outro lado, ocasiona uma intensa sensação de insegurança.

> Na região latino-americana, a violência urbana tem experimentado um significativo crescimento nas últimas décadas, segundo dados do programa das Nações Unidas para Assentamentos Urbanos.
> A média latino-americana de criminalidade é três vezes maior que a média mundial, como resultado de fortes iniquidades sociais e territoriais, da insuficiência de políticas públicas e da natureza cada vez mais organizada da criminalidade, conclui o relatório.
> A própria Organização Panamericana da Saúde (Opas) declara que "a violência, pelo número de vítimas e a magnitude de sequelas emocionais que produz, adquiriu um caráter endêmico e se converteu num problema de saúde pública em vários países" (Ballone, 2003).
>
> Fonte: Ballone (2003).

O certo é que esse estado de violência social está manifestando um profundo mal-estar, um vazio existencial que termina na eclosão da violência. A era moderna parece ser a idade da ansiedade, gerada pela velocidade das mudanças da sociedade industrial, a competitividade e o individualismo, o consumismo desenfreado, a solidão e a insegurança, caracterizando a crise do ser no mundo (Byrne, 2002).

> A simples participação do indivíduo na sociedade contemporânea já preenche, por si só, um requisito suficiente para o surgimento da ansiedade. Portanto, viver ansiosamente passou a ser considerado uma condição do homem moderno ou um destino comum, ao qual todos estamos, de alguma maneira, atrelados. (Alvarez, et al., 2004, p. 50)

---

2. Assumimos a definição de violência da OMS: "O uso intencional da força ou poder físico, de fato ou como ameaça, contra si mesmo, outra pessoa ou um grupo ou comunidade, que cause ou tenha muitas possibilidades de causar lesões, morte, danos psicológicos, transtornos do desenvolvimento ou privações" (OMS, 2002).

A África e a América Latina, no contexto mundial, destacam-se pela violência, pela criminalidade e pelos homicídios. Os países europeus e do Pacífico Ocidental (China, Austrália, Japão, Coreia) se destacam pela violência autoinfligida, pelos suicídios, como pode-se observar na Figura 2.2.

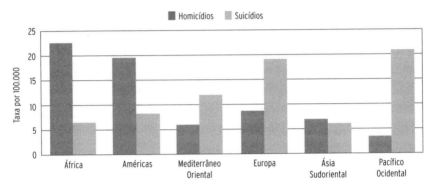

Figura 2.2: Taxa de homicídios e suicídios por regiões da OMS.
Fonte: OMS (2002).

Mas o comportamento suicida, que representa o mais alto escalão da autodestruição, não é a única dinâmica que encontramos na sociedade atual. As pessoas se autodestroem de maneiras diferentes, com o fumo e o consumo de outras drogas, por exemplo. Dados do Banco Mundial permitem afirmar que o tabagismo agrava a pobreza e dificulta o desenvolvimento dos países subdesenvolvidos.

A violência na sociedade brasileira é um tema dos mais recorrentes e importantes, como podemos observar todos os dias na mídia. A ação policial – clássico meio de controle social, não só de controle da criminalidade – tem sido intensificada, incorporando, ainda, novos propósitos e formatos de atuação, como a chamada "polícia comunitária" e a "patrulha escolar". A intervenção no ambiente escolar é uma dessas formas de atuação e se efetivou de tal maneira que, no caso do estado do Paraná, por exemplo, em 1994, ganhou até uma divisão corporativa e estatutária chamada Patrulha Escolar (Both, 2008).

Em São Paulo, está sendo elaborado um pacote para reduzir a crescente violência nas escolas. Entre as novidades estão câmeras de vídeo em todas as unidades da Grande São Paulo, contratação de vigilantes terceirizados nas instituições mais violentas e um novo programa de computador para informar casos de agressão e vandalismo.

A *vulnerabilidade da população* também resulta em um indicador da crise deste começo de século. A saúde física encontra-se ameaçada por vários fatores anunciados. Por um lado, pela crescente contaminação do ambiente, tanto é assim que a Organização Mundial da Saúde (OMS, 2006) solicitou que os governos melhorem a qualidade do ar nas cidades. A poluição atmosférica mata 2 milhões de pessoas anualmente; assim, a redução do tipo de poluição conhecido como PM10 – matéria particulada menor que 10 micrômetros – poderia salvar até 300.000 vidas a cada ano.

Por outro lado, a pobreza, não possibilita acesso a água potável, a serviços sanitários, a educação de qualidade e a sistemas de saúde eficientes; condições que, combinadas entre si, geram, por exemplo, a morte de quatro pessoas a cada dois minutos – três das quais são crianças – por causa da malária.

Segundo a Unicef (2006, p. 6), "milhões de crianças caminham pela vida em situação de pobreza, abandono, sem acesso à educação, desnutridas, discriminadas, negligenciadas e vulneráveis. Para elas, a vida é uma luta diária pela sobrevivência. Vivendo em centros urbanos ou em povoados rurais remotos, correm o risco de perder sua infância – sem acesso a serviços essenciais, como hospitais e escolas, sem a proteção da família e da comunidade, frequentemente expostas a exploração e abusos. Para essas crianças, a infância – como o tempo de crescer, aprender, brincar e sentir segurança – não tem, na realidade, nenhum significado".

Registram-se, todos os anos, 5 milhões de casos de diarreia em crianças originárias de países em desenvolvimento. Trata-se de uma doença que mata anualmente 2 milhões de crianças com idade inferior a cinco anos, o que

> A cada dia, em média, mais de 26 mil crianças menores de 5 anos de idade morrem em todas as partes do mundo, e a maioria delas por causas evitáveis.
>
> Quase todas vivem no mundo em desenvolvimento ou, mais precisamente, em 60 países em desenvolvimento.
>
> Mais de 30% dessas crianças morrem durante seu primeiro mês de vida, normalmente em casa, e sem acesso a serviços de saúde essenciais e recursos básicos que poderiam salvá-las da morte.
>
> Algumas crianças sucumbem a infecções respiratórias ou diarreicas que atualmente já não constituem ameaças nos países industrializados, ou morrem por causa de doenças da primeira infância, como o sarampo, que podem ser facilmente evitadas por meio de vacinas.
>
> Em cerca de 50% das mortes de menores de 5 anos, uma causa subjacente é a desnutrição, que priva o corpo e a mente da criança pequena dos nutrientes necessários para seu crescimento e seu desenvolvimento.
>
> Água de má qualidade, saneamento precário e higiene inadequada também contribuem para a mortalidade e a morbidade de crianças.
>
> Em 2006 – o ano mais recente para o qual há estimativas consistentes –, cerca de 9,7 milhões de crianças morreram antes de comemorar seu quinto aniversário.
>
> Fonte: Unicef (2008).

equivale a uma taxa de mortalidade de 4.400 crianças por dia (PNUD, 2006, p. 42). As doenças e as mortes, que poderiam ser evitadas por vacinas e educação, são outro claro indicador de abandono social, de exclusão, da invisibilidade dos pobres, deixando a população carente à própria sorte: o sarampo, a difteria e o tétano representam outros 2 a 3 milhões de óbitos de crianças. Elas encontram-se tão vulneráveis que, dos 60 milhões de mortes em todo o mundo em 2004, 10,6 milhões eram crianças com menos de cinco anos – o que significa que morreu uma criança a cada três segundos.

> Em 2008, a cada dia, em média, mais de 26 mil crianças menores de 5 anos de idade ainda estavam morrendo em todas as partes do mundo, e a maioria delas por causas evitáveis.
>
> Fonte: Unicef (2008).

Outro indicador da desigualdade mundial, assinalado pelo PNUD, é constituído pelo hiato da esperança de vida entre um país de rendimento econômico baixo e um país de rendimento econômico elevado, que ainda é de 19 anos.

> Uma pessoa nascida em Burkina Faso, África, tem por expectativa de vida 35 anos menos do que uma nascida no Japão, e uma pessoa da Índia pode ter como expectativa de vida 14 anos menos do que uma nascida nos Estados Unidos. (PNUD, 2005, p. 25)

Segundo os indicadores atuais, uma criança nascida hoje na Zâmbia, África, tem menos possibilidades de viver mais do que 30 anos do que tinha uma criança nascida em 1840, na Inglaterra. Mas esta aguda problemática social não termina aí, já que os sobreviventes dessa luta pela vida ainda devem lutar com a fome, a violência e a exclusão.

ORIGEM E IMPACTOS DOS PROBLEMAS SOCIOAMBIENTAIS

Fica evidente que a crise que vivemos não se limita à natureza, e encontra-se profundamente arraigada no modelo de organização social e na cultura.

Um modelo forjado na modernidade, que, como mostra Taylor (1994, p. 40), significou uma visão na qual o sujeito se libertava da magia e da religião, erigindo-se como dono de seu destino, por intermédio da ciência e da tecnologia. Assim, o homem acreditou que lograria a felicidade e o eterno bem-estar.

O "desencanto" na modernidade tardia não demorou a chegar, manifestando-se no sentimento de vazio, de solidão, de falta de propósitos ou objetivos na vida. Dando origem ao que Taylor (1994, p. 40) denomina o *mal-estar da modernidade*.

Um dos traços da humanidade atual é a ditadura da utilidade, entendida como exclusão de toda consideração aos afetos e sentimentos, ao espírito. O egoísmo, o individualismo, a superficialidade, a falta de escrúpulos, a desonestidade, a insensibilidade, o hedonismo, o narcisismo, o conformismo e o consumismo são os valores fundadores da "nova" cultura global, que atraem todos para o consumo de mercadorias, oferecidas como fim último da vida, chaves do sucesso, do prazer e da felicidade.

Esse *mal-estar na civilização*, segundo Souza (2007), é uma tensão psíquica causada pela preocupação, pelo medo e pela insegurança provocada pelas condições econômicas e sociais que assinalamos anteriormente. Na sociedade atual, é comum a experiência da melancolia, a depressão, o desânimo, a decepção, o desinteresse pela vida, a baixa autoestima, a sensação de inutilidade e de impotência e, muitas vezes, de bronca. Hoje há os traumas de acidentes, roubos, sequestros e tiroteios; a síndrome do pânico, a compulsão de consumo, a síndrome de perseguição e a depressão. Todas essas doenças são acompanhadas de crises de ansiedade. São doenças típicas de nossa época e que estão associadas ao mal-estar na civilização.

O mal-estar da modernidade assume, segundo Taylor, três formas.

A primeira, ele denomina o lado obscuro do individualismo. Na verdade, Taylor não critica o individualismo, já que o reconhece como uma conquista da modernidade, mas critica essa força narcisista e egoísta de entender-se a si mesmo como átomo independente de um mundo circundante.

Segundo ele, essa é uma das consequências do desencantamento do mundo, a partir do qual se faz difícil encontrar horizontes de ação e de sentido para uma vida mais plena.

A segunda forma resulta na primazia do pensamento instrumental, tendo a racionalidade como seu propósito essencial (meios-fins e custo-benefício), e parece ter-se apoderado da vida da população.

A terceira é o consentimento do individualismo, que conduz ao atomismo social, no qual cada um se ocupa de si mesmo, e a coisa pública perde interesse. O individualismo ou a mentalidade do "salve-se quem puder" tem correlatos destrutivos, fincados na profunda desconfiança dos outros e na escassa capacidade de nos associarmos para cooperar em objetivos comunitários.

O resultado evidente desse cenário é que esta é a época na qual proliferam as doenças da alma – síndrome do pânico, sociofobia, tédio, depressão – e diversas patologias relacionadas com a questão do contato com os outros.

Fonte: Taylor (1994).

De acordo com Souza, o simples fato de o indivíduo viver no mundo contemporâneo já é o requisito para viver ansioso. A competitividade, o consumo sem fim, o desemprego, a violência, a dinâmica das transformações sociais e dos valores, a adaptação do indivíduo às exigências da vida são os principais fatores que produzem o mal-estar na civilização.

O mal-estar na civilização é a condição existencial do homem moderno, é o destino que todos temos de compartilhar.

Fonte: Souza (2007).

Como se não bastasse esse mal-estar cultural, a velocidade da mudança a que nos vemos submetidos na sociedade da informação, termina deixando os indivíduos mais desorientados e mais pressionados ainda.

Uma sociedade na qual não temos mais parâmetros ou valores definidos; onde a TV, os jornais e as revistas, os filmes, a escola e outras instituições ensinam os modos de ser, de pensar, de sentir, de valorizar, de amar. Uma sociedade onde os indivíduos, convencidos dos valores da cultura consumista para alcançar o sonho do consumo e da inclusão social, têm como modelos de vida o artista de novela, o traficante, o jogador de futebol, a modelo, ou o político corrupto. Verdadeiros exemplos sociais de sucesso.

O movimento da modernidade, embora tenha significado o rompimento com a mentalidade mística e, de alguma maneira, melhorado a qualidade de vida da população, gerou outros problemas socioambientais, de vida da população, e um grande desafio ético e moral. Hoje já não resta sequer vergonha na cara, mente-se em cadeia nacional, sem o menor resquício de embaraço; a legalidade é usada abertamente para justificar a injustiça e o abuso de poder; e a insensibilidade da população frente a este panorama resulta em um sentimento de desolação e perda de esperança.

Cada época histórica constrói o sentido da sua existência sobre a base de certos parâmetros, que são os que ajudam as pessoas a viver compreendendo o mundo e seu lugar nele. Assim, a humanidade tem contado com diversas visões ao longo da sua história – cosmologia, teogonia, magia, religião, entre outros. Ocorre que o sentido da nossa existência tem-se perdido gradualmente nas últimas décadas. A perda de parâmetros de vida é o componente fundamental da crise da existência, a crise do ser na modernidade, já que, sem parâmetros, perdemos a possibilidade de viver uma vida organizada e dotada de sentido. No passado, as pessoas viam o futuro com esperança, agora só o vemos com desconfiança, medo, confusão e insegurança.

Na modernidade, a racionalização tem sido a característica por excelência, não só da ciência e da técnica, mas também da vida dos indivíduos e das coisas. A dúvida metódica de Descartes, que se pratica há três séculos, tem calado fundo na alma do homem moderno, a tal ponto que já não temos mais nada ou ninguém em que ou em quem acreditar, às vezes nem em nós mesmos.

O principal desafio da atualidade consiste em realizar uma profunda reflexão acerca do que significa ser humano, na busca pela identidade perdida, para não continuar promovendo uma vida sem sentido e sem esperanças.

Assim, na falta de um propósito na modernidade o *consumo* converte-se no objetivo da vida de muitas pessoas que, na verdade, não sabem o que fazer com a sua liberdade, o que buscar, como ser felizes. Em uma sociedade de mercado, tudo é considerado mercadoria, a publicidade em cada anúncio vende um estilo de vida, visões de mundo, escalas de valores, desejos, necessidades, formas de pensar e de sentir.

> "O consumo é um modo ativo de relação (não apenas com os objetos, mas com a coletividade e com o mundo), um modo de atividade sistemática e de resposta global no qual se funda nosso sistema cultural."
> Fonte: Baudrillard (1993, p. 205).

O consumo converte-se em um símbolo de *status* social. Sua importância na vida das pessoas chega ao ponto de gerar a doença do *status*, como se costuma chamar, para representar as doenças mentais relacionadas com a luta por estar no mesmo nível que os outros ou sobressair-se em relação aos demais.

Segundo Baudrillard (1991), vivemos em um contexto onde o consumo invade a vida das pessoas, suas relações envolvem toda a sociedade e as satisfações pessoais são completamente traçadas por meio dele. Neste contexto, e dentro da visão do autor, o desenvolvimento se estabelece pela incessante produção dos chamados *bens de consumo* duráveis, tais como os automóveis e os eletroeletrônicos.

> Uma exigência do sistema é que os produtos tenham uma obsolescência programada para que sejam novamente adquiridos e substituídos em curto período.

De acordo com Baudrillard, no consumo estariam baseadas as novas relações estabelecidas entre os objetos e os sujeitos. Segundo ele, neste campo, a importância dos objetos é cada vez mais valorizada pelas pessoas; embora devamos reconhecer que, em grande parte, esta valorização depende das representações mentais no plano coletivo, ou seja, as crenças e desejos impulsionados pela cultura.

Uma cultura que, para garantir o funcionamento da economia baseada no consumo, usa como principal arma publicitária a associação entre consumo e *felicidade*. A ideia transmitida

> "Na sociedade atual importa mais do que tudo a imagem, a aparência, a exibição. A ostentação do consumo vale mais que o próprio consumo.
> O reino do capital fictício atinge o máximo de amplitude ao exigir que a vida se torne ficção de vida. A alienação do ser toma o lugar do próprio ser.
> A aparência se impõe por cima da existência. Parecer é mais importante do que ser."
> Fonte: Baudrillard (1991, p. 125).

pela mídia é que, por meio da aquisição de produtos, as pessoas conseguirão "ser alguém", ser felizes.

Além disso, o consumo também serve para classificar socialmente as pessoas. Na sociedade de consumo, as pessoas são reconhecidas e valorizadas pelo que possuem: as marcas as classificam e hierarquizam. Quando compra um produto de marca, a pessoa é identificada pela marca, passando a fazer parte do grupo de seus consumidores, ocupando assim um determinado estrato social.

Uma sociedade que, como diz Leff (1994, p. 87), gera um processo de produção ideológica de necessidades, que desencadeia o desejo a uma demanda inesgotável de mercadorias, uma verdadeira manipulação publicitária do desejo.

Esse modelo de desenvolvimento, baseado no *consumo extremo*, tem sido o responsável pela degradação ambiental. A deterioração do ambiente é um efeito das atividades que proporcionam aos consumidores alimento, transporte, moradia, vestuário e uma infinidade de bens de consumo.

E, além disso, como coloca Galeano (1999, p. 45), esse modelo de vida que nos é oferecido como um grande "orgasmo de vida, estes delírios de consumo que dizem ser a chave da felicidade, estão adoecendo o nosso corpo, envenenando a nossa alma e nos deixando sem casa".

A roupa de marca ou outros objetos podem ser o sonho de milhões de pessoas, porém, ansiar por objetos materiais pode gerar depressão e angústia. Ainda segundo Galeano (1999, p. 45):

O *suplício de Tântalo* atormenta os pobres. Condenados à sede e à fome, também estão condenados a contemplar os manjares que a publicidade oferece. Manjares de plástico, sonhos de plástico.

Levantamento da WWF do ano 2008 indica que, se todos consumíssemos como consome um cidadão no padrão norte-americano, seriam necessários 5 planetas para atender a demanda de recursos naturais.

O Brasil, segundo esse relatório, não fica muito atrás. Se o mundo consumisse como as nossas classes A e B, seriam necessários 3 planetas.

Segundo o relatório Planeta Vivo, da Rede WWF, a população mundial já consome em média 25% a mais do que a Terra é capaz de repor.

Fonte: WWF (2008)

Na mitologia grega, Tântalo foi rei da Frígia, casado com Dione. Ele era filho de Zeus e da princesa Plota.

Certa vez, ousando testar a onisciência dos deuses, roubou os manjares divinos e serviu-lhes a carne do próprio filho Pélope em um festim.

Como castigo foi lançado ao Tártaro, onde, num vale abundante em vegetação e água, foi sentenciado a não poder saciar sua fome e sede, visto que, ao aproximar-se da água esta escoava e ao erguer-se para colher os frutos das árvores, os ramos moviam-se pra longe de seu alcance sob força do vento.

A expressão suplício de Tântalo refere-se ao sofrimento daquele que deseja algo aparentemente próximo, porém, inalcançável, a exemplo do ditado popular "Tão perto e, ainda assim, tão longe".

Fonte: Milani Queriquelli (2009).

É de plástico o paraíso que a televisão promete a todos e a poucos dá. A seu serviço estamos. Nesta civilização onde as coisas importam cada vez mais e as pessoas cada vez menos.

Outra das possíveis causas de depressão entre os consumidores é o fato de que o que compram tende a perder valor rapidamente, e como eles se valorizam e são valorizados pelas posses, acabam por entrar em uma correria louca, que não tem fim.

Vivemos em uma crise existencial que tem-se dado a chamar ambiental, já que abrange toda a natureza: a externa, com as consequências que todos conhecemos, e nossa natureza interna. As relações dos homens com seu próprio corpo, com seus sonhos e sentimentos, com seu comportamento cotidiano e seus problemas psíquicos. É possível visualizar a leitura desta crise global, tanto na vida particular das pessoas como nas expressões da natureza interna e externa.

Algumas das mais importantes problemáticas de nosso século devem fazer-nos refletir sobre o tipo de ser humano e de sociedade que estamos gerando, sobre a cultura que guia nossa ação, sobre as crenças, valores e conhecimentos em que se baseia nosso comportamento cotidiano, sobre o paradigma antropológico-social que subjaz em nossas ações e no qual a educação tem um enorme peso.

Como Leff (2003) sinala, a crise ambiental que vivemos, mais que uma crise ecológica é uma crise do estilo de pensamento, dos modos de observar e interpretar o mundo, do conhecimento e dos valores que têm sustentado a sociedade moderna. Na medida em que a crise mundial, que afeta a humanidade, é reflexo de nossos valores, condutas e estilo de vida coletivos, constitui-se em uma crise cultural.

A crise socioambiental está mostrando não só os *limites da natureza*, do modelo de desenvolvimento baseado no crescimento econômico, dos desequilíbrios ecológicos, da capacidade de sustentação da vida, do crescimento populacional, da pobreza, da desigualdade social, da crise de identidade, do ocaso do ser, da crise valorativa, do individualismo e do darwinismo social, que ainda impera; mas também, como numerosos

> "A crise ambiental é o resultado do desconhecimento da lei (entropia), que desencadeou no imaginário economicista uma 'mania de crescimento', uma produção sem limites."
>
> Fonte: Leff (2003, p. 13).

> Leff (2003) mostra que a problemática ambiental, mais que uma crise ecológica, é um profundo questionamento sobre as formas de pensamento e de entendimento sobre o qual a civilização ocidental tem-se construído, tem compreendido o ser.

autores já têm assinalado (Capra, 1982; Morin, 1998a; Leff, 2003), dos limites do *modelo de pensamento* ocidental.

Essa crise é produto da intervenção do pensamento no mundo, uma forma de pensamento que tem-se baseado em três erros históricos. O primeiro, ontológico, no esquecimento do ser na modernidade, que Kant, primeiro, e Heidegger, depois, denunciaram. O segundo refere-se à inteligência cega, que não tem podido capturar a complexidade da realidade por meio do método analítico; já o terceiro consiste na redução da inteligência à sua dimensão intelectual, e a razão ao pensamento instrumental, gerando, assim, o homem unidimensional (Marcuse, 1985).

A crise socioambiental é uma crise cultural, como podemos observar na Figura 2.2; uma crise que como o Manifesto pela Vida, por uma ética da sustentabilidade, elaborado em Bogotá, no ano de 2002, assinala, é uma crise da civilização. A crise é a crise do nosso tempo. É a crise de uma visão de mundo mecanicista, que ignora os limites biofísicos da natureza e os estilos de vida das diferentes culturas. É uma crise moral.

Uma crise que se origina na cultura, que define os valores e modelos de vida da população, como motores do estilo de produção que se caracterizam pela obsolescência programada. Cultura que, por meio da suposta liberdade de expressão, vende pela publicidade um modelo de identidade, felicidade e sucesso associado ao consumismo e ao individualismo, como valor supremo.

Um modelo que promove uma sociedade insustentável, degradando o ambiente social, por meio da pobreza e desigualdade extrema, como também degrada o ambiente natural.

> Precisamos, pois, de um novo paradigma – uma nova visão da realidade, uma mudança fundamental em nossos pensamentos. (Capra, 1982, p. 14)

As demandas sociais | 39

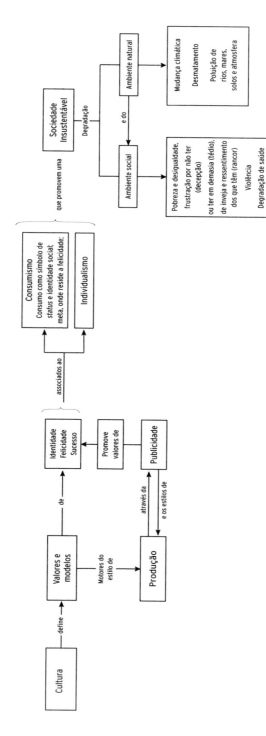

Figura 2.3: A cultura, base de uma sociedade sustentável.

3 | As características da cultura

A educação encontra-se historicamente relacionada com o ambiente, no entanto, como poderemos ver ao longo do capítulo, é uma relação que vai muito além da consideração das demandas do contexto, aprofundando-se na ciência, na tecnologia e na cultura de cada época. Esta relação na chamada terceira onda (Toffler, 1995), que se identifica com a revolução do conhecimento, na transição do *homo economicus* ao *homo culturalis* (Dowbor, 2004), nos traz desafios nunca antes vistos.

Porém, o contexto não apresenta só desafios, mas também oportunidades. Neste capítulo, apresentam-se uma série de alternativas que estão emergindo no âmbito da cultura, que podem dar lugar à construção de novos espaços de cidadania e de participação social e política. Um contexto que está dando lugar à formação de novas linguagens que podem colaborar na superação da profunda desmotivação dos alunos no processo de aprendizagem e, ao mesmo tempo, reduzir os níveis de abstração para facilitar a apropriação do conhecimento por todos, produzindo uma verdadeira revolução educativa.

OS MEIOS E OS FINS: UMA RELAÇÃO INTRÍNSECA

Uma abordagem mais detalhada na sociologia da educação revela que a análise das demandas sociais desvenda só uma parte da história da educa-

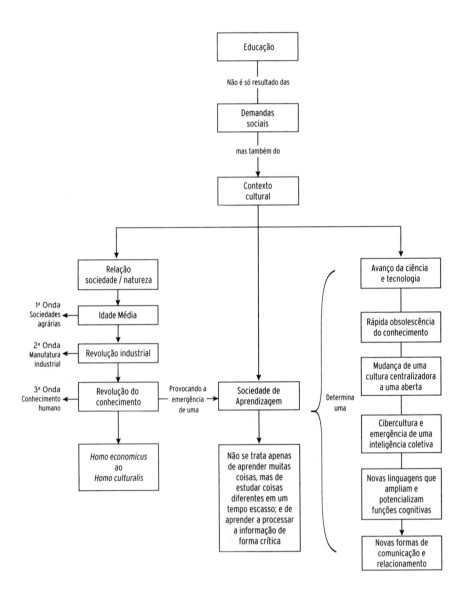

Figura 3.1: Características da cultura atual.

ção; a outra pode ser identificada no avanço da ciência, da tecnologia e nas características da cultura predominante em cada momento histórico.

Nesse sentido, Dilthey[1] (1968, p. 14) já identificava que:

> Os sistemas de ensino desenvolveram-se com o progresso das ciências. Se estes se apoiassem unicamente nestas, cresceriam incessantemente com elas. No entanto, adverte, este não é o caso... a educação depende de um segundo fator, o estado cultural de uma geração determinada.

| Hoje, continuamos perpetuando a pedagogia burguesa, a qual insiste na transmissão de conteúdos e na formação individualista para a inserção no mercado de trabalho.
No entanto, tem sido produzida no contexto atual uma série de mudanças globais que a escola não pode continuar ignorando. |

Para o autor, a história da educação depende de dois fatores essenciais: o progresso da ciência, que afeta todos os meios da educação, possibilitando dar aos indivíduos a sua máxima capacidade; e o estado cultural de um povo ou de uma geração, que determina o ideal educativo.

Dessa maneira, Dilthey começa a diferenciar os meios da educação (que seriam dados pelo conhecimento e cresceriam juntamente com a ciência) dos fins da educação (que considerariam os costumes, os ideais e as necessidades de uma sociedade). Estes ideais encontram-se relacionados com aqueles ideais de vida de uma sociedade que educa. Assim, a educação e os sistemas de ensino nela baseados teriam de crescer, amadurecer, transformar-se, mudar e, às vezes, desaparecer com os povos que os criaram. Nesta perspectiva, contextualizada no enfoque sócio-histórico, o conhecimento nas ciências sociais não é objetivo, universal e independente dos fatores socioculturais de uma época.

A temporalidade faz referência à presença dos sujeitos na história; entendemos que não é possível adquirir autoconsciência sem o reconhecimento da historicidade, isso a partir de uma clara posição fenomenológica que se preocupa em atribuir ao fenômeno educativo um valor – vinculado ao momento no qual se manifesta.

O papel que a educação deve ocupar na sociedade pode, em parte, ser respondido pelos desafios sociais, mas, por outro lado, encontra-se profun-

---

1. Dilthey, G. (1833-1911) possivelmente seja o filósofo alemão que mais tem influenciado, com Dewey, na pedagogia contemporânea, sendo considerado o fundador e maior representante do historicismo.

damente influenciado pelas características que a sociedade apresenta, pelo avanço da ciência e da tecnologia, bem como pelas demandas relacionadas ao funcionamento democrático e ao mercado, pelas características culturais, pelas linguagens, entre outras.

Sociedade da informação, sociedade em rede

De acordo com Castells (1999), se definíssemos a ação social como o resultado das relações entre a natureza e a cultura, poderíamos dizer que nos encontramos em um momento de profunda transformação.

O primeiro modelo de relação entre esses dois polos foi caracterizado pela dominação da natureza sobre a cultura. Os homens e as mulheres da *Idade Média* sofriam duramente as consequências do angustiante peso do meio físico, uma época na qual a relação entre as pessoas e a terra era muito estreita. "Os códigos de organização social expressavam a luta pela sobrevivência diante dos rigores incontroláveis da natureza" (Castells, 1999, p. 505). Este modelo, Toffler (1995, p. 20) identifica como a *primeira onda*, na qual os homens teriam se organizado em torno das sociedades agrárias como fonte de riqueza.

> O clima tinha consequências dramáticas de vida ou morte, tanto é que, na Europa, em 1033, a fome foi tão grande que fez temer pelo desaparecimento do gênero humano.

> O que distingue uma onda de outra é um sistema diferente de criar riqueza.

O segundo modelo de relação entre natureza e cultura, identificado por Castells (1999), foi estabelecido nos princípios da era moderna e associado à Revolução Industrial, ao triunfo da razão, resultando na tentativa de dominação da natureza pela cultura. Todo o pensamento de uma época se volta ao intento de controlar essas forças destrutivas da natureza para benefício próprio. Nesse sentido, e completando com a visão de Toffler, se, na primeira onda, o foco era a agricultura, na segunda onda a forma de criar riqueza passou a ser a manufatura industrial e o comércio de bens. Os meios de produção de riqueza se alteraram, ou seja, houve a passagem da sociedade agrária para uma sociedade industrial.

No terceiro modelo, a característica principal é a de que, na sociedade atual, os serviços culturais têm suplantado os bens materiais como núcleo da produção. Deste modo, na "sociedade em rede" a informação representa o principal elemento da organização social e os fluxos de mensagens constituem a teia básica da estrutura social.

Toffler (1995) reafirma que a terceira onda começou a se desenhar com a *Revolução do Conhecimento*. Nesse modelo social, completa Schaff (1992, p. 43), "a individualidade é estimulada, fazendo surgir uma nova civilização centrada na informação e simbolizada pelo computador, pela informática". Na terceira onda, a principal inovação está no fato de que o conhecimento passou a ser o meio principal de produção de riquezas. Os fatores clássicos de produção nos dias de hoje, conforme Edvinsson e Malone (1998) assinalam, não são mais os principais responsáveis pela criação do valor de mercado.

Esse processo reflete os primeiros passos "do *homo culturalis*, em contraposição ao *homo economicus* dos séculos XIX e XX" (Dowbor, 1994, p. 20).

O conceito de *sociedade da informação* faz referência a esse novo modelo, a essa terceira onda. Essa transformação está sendo impulsionada principalmente pelos novos meios disponíveis para criar e divulgar informação mediante tecnologias digitais. Processo que está mudando a sociedade a um ritmo cada vez mais acelerado: as economias e as culturas em todo o mundo se fizeram interdependentes (globalização econômica e cultural), introduzindo uma nova forma de relação entre economia, Estado e sociedade.

Uma mudança caracterizada por Castells (1999) por meio do conceito *espaço de fluxos* e por Giddens (1991, p. 16) por meio do conceito de *desencaixe*, indicando um mesmo fenômeno no qual as relações sociais se retiram dos contextos localizados, possibilitando sua reorganização em grandes distâncias espaçotemporais, abrindo caminho para uma nova realidade, em geral; e para uma realidade educativa, em particular.

> "Proponho a ideia de que há uma nova forma espacial característica das práticas sociais que dominam e moldam a sociedade em rede: o espaço de fluxos. O espaço de fluxos é a organização material das práticas sociais de tempo compartilhado que funcionam por meio de fluxos. Por fluxos, entendo as sequências intencionais, repetitivas e programáveis de intercâmbio e interação entre posições fisicamente desarticuladas, mantidas por atores sociais nas estruturas econômica, política e simbólica da sociedade".
>
> Fonte: Castells (1999, p. 503).

> Para Giddens (1991, p. 29), desencaixe é "o deslocamento das relações sociais de contextos locais de interação e sua reestruturação através de extensões indefinidas de tempo-espaço".
>
> Ou seja, relações desprendidas de um contexto local e apoiadas na atemporalidade.

Essa transformação está tendo um profundo impacto na educação. Por um lado, pela exigência que produz a rápida obsolescência dos conteúdos – hoje até galáxias novas aparecem diante dos nossos olhos –, o que gera a necessidade de criar sistemas mais flexíveis, que possam rapidamente adaptar seus currículos às novidades cotidianas da ciência e da tecnologia. Por outro, a educação começa a deixar seu lugar de guardiã universal da informação e passa a ocupar o papel de ajudar as pessoas a interpretar e compreender a informação: já não basta apenas transmitir.

O certo é que os espaços estão sendo transformados pelos fluxos de informação, afetando diretamente a forma de socialização dos seus ocupantes, mudando radicalmente as formas de organização social, incluindo a educação.

Cibercultura e tecnologias aplicadas à educação

Essas novas formas de comunicação e de relacionamento social, que emergem da interação entre a sociedade da informação, as novas tecnologias e a cultura, geram uma nova forma de manifestação cultural: a cibercultura. Esta nova cultura, em gestação, envolve numerosas modalidades de comunicação: e-mails, blogs, chats, listas de discussão, videoconferências, *podcasts*, jornalismo *on-line*, comunidades virtuais eletrônicas, tecnologias móveis, cibercidades, cibercafés, que se caracterizam pela liberação do polo emissor.

A cibercultura está revolucionando as práticas de comunicação com o surgimento de novas formas de jornalismo on-line, como TV on-line, rádio on-line, jornal on-line; troca de informações entre cientistas por meio dos mecanismos de busca especializados, como Scirus, SciELO, entre outros; novas formas de construção de conhecimento, como a enciclopédia Wikipédia; novas formas de comércio por meio do comércio eletrônico; novas relações sociais criadas e mantidas à distância, sem presença física, por intermédio dos mecanismos de comunicação (chat, msn, Skype); novas formas de participação política da comunidade, protestos organizados e realizados com a participação de diferentes culturas, unidas por uma causa; novas formas de produção de *softwares* livres (Moddle, Linux); novas formas de organizar grupos temáticos por meio de redes (Rebea, Repea, Remtea, Cuedistancia, entre outras).

De uma cultura de massa centralizadora, massiva e fechada, estamos nos encaminhando para a cultura *copyleft*, personalizada, colabora-

> "A cibercultura está pondo em sinergia processos de cooperação, de troca e de modificação criativa de obras, dadas as características da tecnologia digital em rede.
> Esses processos ganharam o nome genérico de *copyleft*, em oposição à lógica proprietária do *copyright* que dominou a dinâmica sociocultural dos *mass media*."
>
> Fonte: Lemos (2004, p. 2).

tiva e aberta (Lemos, 2004). Como meio, a internet está problematizando as formas das mídias massivas tradicionais de divulgação cultural; ela é o foco de irradiação de informação, conhecimento e troca de mensagens entre pessoas ao redor do mundo, abrindo o polo da emissão.

A cibercultura é a emergência da inteligência coletiva, o que significa a formação de uma nova sociedade, já que, como diz Lévy (1999, p. 166):

> Esse ideal da inteligência coletiva passa evidentemente pela colocação em comum da memória, da imaginação e da experiência, por uma prática banalizada do intercâmbio de conhecimentos, por novas formas, flexíveis e, em tempo real, de organização e coordenação.

Mas a cibercultura, como Lévy bem já assinalou, significa também uma nova linguagem e numerosas formas que ampliam, potencializam e mudam muitas funções cognitivas, tanto no que se refere à memória, como no que se refere à imaginação, percepção e estilos de pensamento, na utilização de simulações, realidades virtuais e telepresença, entre outros.

Heidegger (2000) dizia que "a linguagem é a casa do ser". Se for certa esta afirmação, então temos de considerar as novas linguagens emergentes no ciberespaço, para tentar compreender as características que o ser está assumindo nessa nova era que se inicia.

Parece *ficção científica*, mas, na verdade, no futuro próximo nos depararemos com numerosas abordagens que, sem dúvida, irão revolucionar a educação tal como a conhecemos. Já começam a ser vistos ambientes que propiciam interagir, explorar, construir, regular o próprio ritmo de aprendizagem, escolher em função dos próprios interesses, em suma: assumir a gestão dos próprios processos de aprendizagem. Esses ecossistemas cognitivos podem vir a representar a concretização dos ideais construtivistas, criando uma enorme área de desenvolvimento potencial para os alunos.

> Um exemplo desse tipo de ambiente é a *cave* (caverna) comprada pela Universidade de São Paulo recentemente, desenvolvida no Laboratório de Visualização Eletrônica da Universidade de Illinois, nos Estados Unidos, em 1992.
>
> Um cubo com 3 m³ e projeções em todas as paredes, que permite a criação de realidade virtual, a manipulação do ambiente por meio de *joysticks* e óculos semitransparentes, que dão ao usuário a capacidade de enxergar simultaneamente o ambiente físico e o virtual.
>
> Até seis pessoas podem compartilhar o uso simultâneo da *cave*, podendo uma *cave* ser interconectada a outra, não importa onde estejam.
>
> Fonte: Teixeira e Guimarães (2006).

Como Bruner (1991, p. 48) já tinha analisado, são as culturas que criam "próteses culturais" que nos permitem transcender nossas limitações biológicas, como os limites da nossa capacidade de memória ou de audição. É a cultura que molda a vida e a mente humana, que confere significado à ação, situando os seus estados intencionais subjacentes nos sistemas interpretativos. A cultura atual está começando a gerar um sistema de "próteses culturais" como nunca antes visto, e elas certamente mudarão as modalidades de linguagem e do discurso, as formas de explicação lógica e narrativa, e os padrões de vida comunitária.

Sistemas como a caverna podem ser identificados como verdadeiros ecossistemas cognitivos, os quais começam a virtualizar a realidade, produzindo duas quebras. A primeira faz referência à troca da categoria lugar pela linguagem, para dar conta da realidade, como já tínhamos assinalado; a segunda faz referência à troca da palavra, como signo linguístico preponderante, pela imagem.

> O desejo de ver o mundo por meio das palavras, característico dos séculos XIX e XX, parece que está dando lugar ao desejo de ver o mundo mediante tecnologias de ilusão perceptual.

Estamos no limiar de uma mudança em ambos os sentidos, em cujos sistemas de representação simbólica aparecem novas linguagens, como a linguagem digital, começando a imagem a ocupar um papel mais preponderante que a escrita.

> As pesquisas de Yuill e Joscelyne (2000, p. 2) mostram sua importância como organizadores prévios: "um poderoso motivador inicial, a linguagem do vídeo entra no mundo dos sentimentos, permitindo-nos projetar nele".

Sem dúvida, a utilização de *mídias audiovisuais* em educação apresenta elementos muito positivos: permite ilustrar e simular processos reais, demonstrar experiências, apresentar posições de profissionais destacados, ilustrar princípios tridimensionais ou abstratos, condensar ou sintetizar em um todo coerente toda uma gama de informações e processos, mostrar processos de tomada de decisão, bem como o funcionamento de máquinas e processos. A imagem é um importante meio de comunicação, com o qual se pode transmitir ideias, conceitos, relações etc. A imagem promove a atenção, a descoberta e a compreensão. É um recurso com elevado poder pedagógico: por meio dela pode-se captar a atenção do aluno, rompendo com a monotonia do texto e da lousa, despertando seu interesse (Terry, 1994).

Porém, a utilização de mídias pode apresentar certas dificuldades. Uma questão surge imediatamente quando falamos da utilização das mídias em educação: como conciliar o fato conhecido de que o único elemento que diferencia o homem dos primatas é a sua capacidade simbólica, e que o nosso pensamento e a nossa linguagem estão intimamente unidos e são a chave para compreender a consciência humana (Vygotsky, 1993, p. 346); com as posturas que apresentam a cultura da imagem como anuladora dos conceitos e, desse modo, atrofiadora da nossa capacidade de abstração e, com ela, de toda a nossa capacidade de entender, suplantando o *homo sapiens* pelo *homo videns* (Gutiérrez, 2000).

As palavras articulam a linguagem humana, são símbolos que evocam representações e levam figuras à nossa mente, imagens de coisas que vemos. Mas isso só acontece com algumas palavras. Porém, o problema identificado por Gutiérrez (2000) é que o nosso vocabulário é formado não só de palavras concretas, que denominam objetos reais, como de palavras que denominam abstrações – como o conceito de liberdade –, que são de difícil ilustração com uma imagem, a qual pode empobrecer a riqueza do próprio significado do conceito.

Mas também devemos considerar que a linguagem escrita chegou a um ponto de abstração em que se afasta da realidade, e quem sabe, de algo mais importante, a emoção que produz a experiência direta.

Desse modo, como Ruiz (1999, p. 8) coloca, a imagem constitui um meio de enriquecimento didático quando seu uso se complementa com a linguagem verbal ou escrita, com a reflexão. A prática continuada das linguagens audiovisuais favorece o desenvolvimento de capacidades (pensamento associativo, percepção visual, emotividade) complementares às que promovem a linguagem escrita (pensamento lógico, capacidade de abstração, análises e reflexão).

O que não podemos perder de vista é que os instrumentos utilizados na educação devem servir não só para transmitir informação, de modo que o aluno não fique petrificado na percepção do aqui e agora, mas também como mediadores do desenvolvimento da linguagem simbólica, sobre a qual se constroem o pensamento e o conhecimento científico.

A utilização dos meios audiovisuais deveria ser acompanhada de conceitos, procedimentos e atitudes que capacitassem o aluno para selecionar, processar, tirar conclusões e comunicar, ante qualquer tipo de informação que recebesse, por qualquer meio ou canal, consolidando o papel de receptor crítico de informação.

Como o próprio Bruner (1991) alerta, a psicologia cognitiva, mais que se preocupar com as características de processamento da informação do cérebro humano, deveria se preocupar em como as pessoas atribuem significados às coisas, não só pela perspectiva biológica, mas também pela cultural, outorgando às próteses culturais um papel na construção de "andaimes" (Vygotsky, 1987, apud Daniels, 2003), que assegurem o pleno desenvolvimento dos potenciais humanos.

Sociedade da aprendizagem: da sociedade da informação às sociedades do conhecimento

Numa sociedade na qual o avanço tecnológico, que muda os rituais e as formas de organização, é cada vez mais vertiginoso; na emergência de uma sociedade em rede, na qual se encontram em formação mutações culturais transcendentes, como o espaço do fluxo, e na qual o conhecimento ascende à categoria de fundamento que dota de sentido o desenvolvimento da sociedade, emerge uma outra característica crucial para a educação: a chamada sociedade da aprendizagem.

Segundo Lévy (1999, p. 165), essa sociedade se caracteriza por dois elementos principais: um deles refere que, pela primeira vez na história da humanidade, a maioria das competências adquiridas por uma pessoa no começo de seu percurso profissional será obsoleta no fim de sua carreira. O outro refere-se à natureza do trabalho na sociedade da informação, na qual trabalhar equivale cada vez mais a aprender, transmitir saberes e produzir conhecimentos.

Por isso, Pozo (1989, p. 38) afirma que a cultura atual demanda formação permanente e reciclagem profissional em todas as áreas produtivas, considerando a dinâmica complexa do mercado de trabalho e o acelerado ritmo de produção de conhecimento, de mudança tecnológica e de transmissão da informação. Nesse cenário, o indivíduo se vê diante da necessidade de aprender coisas novas diariamente e, mais do que isso, de aprender a aprender. A necessidade de aprendizado contínuo é uma das características que definem a sociedade atual.

No entanto, como coloca o autor, não se trata apenas de aprender muitas coisas, mas de estudar coisas diferentes em um tempo escasso, dado o grande volume de informação que precisamos processar e a velocidade das mudanças e inovações que nos exigem aperfeiçoamento constante ao longo de toda a vida. Por essa razão, a necessidade de aprender a aprender é uma das características que definem essa cultura, pois temos de estudar temas variados e complexos e aplicá-los a contextos diversos, que se mantêm em evolução permanente.

Porém, de acordo com Pozo (1996, p. 37), a sociedade atual vive um momento paradoxal. Por um lado, há cada vez mais pessoas com dificuldades para aprender aquilo que a sociedade exige delas, o que, em termos educacionais, costuma ser interpretado como um crescente fracasso escolar. Mas, por outro lado, também podemos afirmar que o tempo dedicado a aprender estende-se e prolonga-se cada vez mais na história pessoal e social, ampliando a educação obrigatória, impondo uma aprendizagem ao longo de toda a vida e, até mesmo, fazendo com que muitos espaços de ócio sejam dedicados a organizar sistemas de aprendizagem informais.

No entanto, essa demanda de formação crescente acaba por saturar nossa capacidade de aprendizagem. A necessidade de uma aprendizagem contínua "nos obriga a um ritmo acelerado, quase neurótico, no qual não se tem prática suficiente, com o que apenas consolidamos o aprendido e o esquecemos com facilidade" (Pozo, 1996, p. 40).

O que se observa é que o aumento progressivo na quantidade de informação a ser ensinada na escola tem saturado, de forma cada vez mais acentuada, a capacidade de recepção informativa dos alunos. Este processo, ao contrário do que se acreditava, não só não tem gerado um aumento na quantidade ou qualidade do conhecimento construído, como tem dificultado a geração de condições para desenvolver uma cidadania transformadora.

Essa é uma espécie de *intoxicação informativa*: como o mesmo autor alerta, bombardeadas com tanta informação, em vez de verem reduzir a incerteza, de poderem predizer o ambiente e tomar decisões com facilidade, as pessoas veem aumentar significativamente a incerteza, a sensação de perda do controle do tempo em relação às atividades a cumprir. Diante de um oceano de informação fragmentada, às vezes pouco coerente e contraditória, ou simplesmente inútil, fica muito difícil desenvolver o poder de decisão.

> A sociedade da informação tem gerado certos problemas às pessoas, de ter dificuldade para conseguir determinada informação para fortalecer a sua tomada de decisão, elas passaram a ter de lidar com o desafio de analisar pilhas de informações irrelevantes para obter aquela que é indispensável às suas necessidades.
>
> Fonte: Pozo (1996).

Como podemos observar na Figura 3.1, formar cidadãos para uma sociedade sustentável e democrática e, mais ainda, formá-los para transformar a sociedade, requer dotá-los de capacidades de aprendizagem que possibilitem diferenciar a informação valiosa da informação fraudulenta, assim como para decodificar as mensagens publicitárias, ou para interpretar os recortes da realidade que a informação dos meios massivos de comunicação transmite; para desenvolver capacidades de pensamento que lhes permitam utilizar estrategicamente a informação que recebem, para que possam converter essa informação em conhecimento verdadeiro.

Diversos autores concordam em definir este século como o século da cidadania reflexiva, com profissionais reflexivos, docentes reflexivos e consumidores reflexivos. A reflexão parece ser a característica marcante da nova cidadania.

No entanto, a reflexividade não poderá evitar outros grandes riscos da sociedade do conhecimento: a brecha digital, o determinismo tecnológico e a crença de que a sociedade do conhecimento implica a imposição de um modelo cultural único como modelo a ser consumido, em detrimento da diversidade cultural e linguística. Por isso, a Unesco (2005) incorpora o conceito de sociedades do conhecimento, conotando com o plural a diversidade cultural mundial e a importância de preservar a multiculturalidade.

As características da cultura | 53

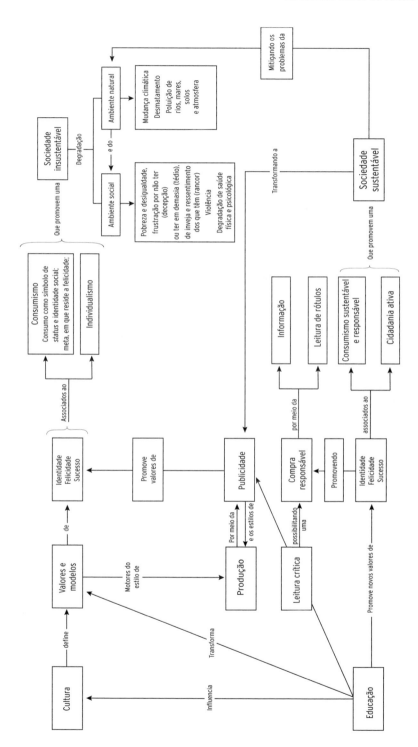

Figura 3.2: A educação como promotora da mudança cultural.

PARTE 2

Ambiente, complexidade, psicologia de aprendizagem e didática

4 | Dinâmica histórica do conhecimento e da sociedade

DA REDUÇÃO E SIMPLIFICAÇÃO À COMPLEXIDADE

> *É a curiosidade – em todo caso, a única espécie de curiosidade que vale a pena ser praticada com um pouco de obstinação: não aquela que procura assimilar o que convém conhecer, mas a que permite separar-se de si mesmo. De que valeria a obstinação do saber se ele assegurasse apenas a aquisição dos conhecimentos e não de certa maneira, e tanto quanto possível, o descaminho daquele que conhece? Existem momentos na vida onde a questão de saber se se pode pensar diferentemente do que se pensa, e perceber diferentemente do que se vê, é indispensável para se continuar a olhar ou a refletir.* (Michel Foucault, 1984, p. 13)

CONHECIMENTO E AMBIENTE

Como podemos observar, existe uma relação histórica entre o ambiente e a educação, porém, esta não se refere só ao papel da educação no contexto, mas também lança suas raízes na definição do que é conhecer, aprender e ensinar, o que tem dominado os debates desde o século IV antes de Cristo, primeiro na filosofia e posteriormente na emergente epistemologia (ou teoria do conhecimento, um ramo da filosofia que trata dos problemas relacionados à crença e ao conhecimento); na psicologia da aprendizagem, na pedagogia e na didática.

Educação e meio ambiente

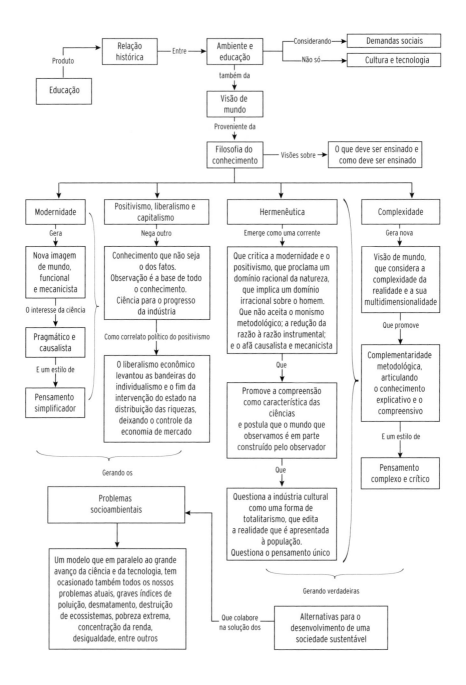

Figura 4.1: Evolução histórica do conhecimento da simplificação à complexidade.

Já expressava Horkheimer (apud Mardones, 1994, p. 19) na sua crítica ao positivismo pela ênfase na captação direta do empírico, que a percepção está mediada pela sociedade na qual se vive: "quando nos recusamos a perceber esta mediação da cultura de momento histórico, estamos condenados a perceber só aparências".

Segundo Horkheimer, nossas ideias e conceitos organizam o mundo, são como lentes que nos fazem ver algumas coisas e não outras; e que nos fazem interpretar as coisas que vemos de uma determinada maneira.

> Vemos o mundo como nós somos e não como ele é.

Assim, em diferentes momentos da história, podemos observar como mudam as lentes que nos fazem interpretar a natureza de formas totalmente opostas. Na *Idade Média* a natureza era temida e respeitada, uma criação de Deus. O ser humano era considerado um elemento a mais da criação, como as plantas, animais, a terra ou a água. No *Renascimento* a natureza converte-se em objeto a ser dominado, Francis Bacon acreditava que o saber científico devia ser medido em termos da capacidade de dominação da natureza, na capacidade de domar as águas, os rios, as tempestades (Carvalho, 1998, p. 12). Na *Revolução Industrial* a natureza converte-se em recurso a ser explorado para maximizar os processos econômicos, um grande armazém "infinito" de recursos para a satisfação das necessidades do homem.

> Idade Média: religião – dominação da natureza sobre a cultura.

> Renascimento: revolução científica – ciência moderna – dominação da natureza pela cultura.

> Revolução Industrial: mercado – dominação da natureza pelo mercado.

Segundo Bifani (1997, p. 37), Nicolas Bourbon, precursor de Adam Smith, ilustra a visão de uma época que chega até hoje em muitas economias: "os minerais da terra são inextinguíveis. E o acervo natural é infinito, o artificial que precede do natural também deve sê-lo", referindo-se aos produtos elaborados pelo sistema econômico, por meio das matérias-primas provenientes da natureza.

A problemática socioambiental que vivenciamos está mostrando não só os limites da natureza e do modelo de desenvolvimento fundamentado no crescimento econômico; na ideia de progresso ilimitado, baseado no consumo extremo; dos desequilíbrios socioambientais, da capacidade de sustentação da vida, do crescimento populacional, da pobreza, da desigualdade social, da crise de identidade, do ocaso do ser e do mal-estar da cultura; mas, também, dos limites do modelo de pensamento ocidental.

> O Paradigma da simplificação, diz Morin (1998b), unifica abstratamente anulando a diversidade ou justapõe a diversidade sem conceber a unidade. Destrói os conjuntos e as totalidades, isola todos os seus objetos do meio ambiente.

É um modelo de *pensamento simplificador*, segundo Morin (1998b), que não tem conseguido compreender a complexidade dos fenômenos que tenta estudar. Um pensamento cego, que tem destruído os conjuntos e as totalidades, que isola e separa os objetos dos seus ambientes; e que não tem considerado a relação entre o objeto observado e o observador. Por isso, faz-se necessário um profundo questionamento sobre as formas de pensamento e de entendimento sobre as quais a civilização ocidental tem construído o mundo que habitamos.

As diversas tradições educativas e seus correspondentes nas práticas incluem diferentes visões, no que se refere ao conhecimento que deve ser ensinado, e derivações metodológicas, a respeito de como ensiná-lo. Essas perspectivas provêm das grandes tradições na filosofia do conhecimento. Duas concepções de ciência, ambas de origem grega, deram sustentação às tradições que ainda coexistem nos sistemas educativos da América Latina, a tradição aristotélica e a galileana, de quem recebem o seu nome, mas que na realidade remontam a Pitágoras e Platão.

> Para Santo Agostinho, o conhecimento é atingido pela iluminação, algo superior que dá fundamento à verdade: neste caso, Deus.
> De acordo com Moroz e Rubano (1996, p. 149): "é por meio da iluminação divina que o homem, por um processo interior, chega à verdade: não é o espírito, portanto, que cria a verdade, cabendo-lhe apenas descobri-la e isso se dá por meio de Deus."
> Fonte: Moroz e Rubano (1996, p. 149).

A doutrina platônica ressurgiu séculos depois na tradição filosófica do Ocidente, passado o *medievo*, por meio do pensamento racionalista e idealista de Descartes, Leibniz e Kant, entre outros, e foi base da psicologia da Gestalt, e das teorias dos cognitivistas mais conhecidos como Piaget, Inhelder, Ausubel, Bruner, Novak; e de outros pensadores mais atuais como Fodor e Chomsky, entre outros (Pozo, 1989).

Aristóteles também foi resgatado na tradição filosófica da modernidade, iniciada nos séculos XVII e XVIII com Locke e Hume, e constituiu posteriormente a base da psicologia behaviorista, representada por Pavlov, Watson, Skinner, entre outros.

ILUMINISMO E MODERNIDADE

A partir do Renascimento, uma série de profundas mudanças afetaram a sociedade: o surgimento do capitalismo; a consolidação da burguesia; a migração de áreas rurais a áreas urbanas; a mudança de mentalidade, começando a se valorizar fortemente o indivíduo e o individualismo; um novo papel social da ciência, identificando-a com o progresso da humanidade; e o *industrialismo*, deixando de lado os preconceitos religiosos da Idade Média.

Essa época configurou uma nova visão política de mundo, por meio dos preceitos de Maquiavel, que acreditava que os fins justificavam os meios, uma visão que marcou e ainda marca a política, a economia, a ciência, e a educação; e, além disso, uma nova concepção de homem e seu papel na sociedade, na qual os indivíduos eram os protagonistas, superando a visão estoica sobre a predestinação divina das épocas anteriores. Um lugar tão destacado que deixa para trás a ideia teocentrista, dando origem ao antropocentrismo, o homem no centro. e um profundo hedonismo, valorizando os prazeres sensoriais.

> "A partir da Revolução Industrial no século XVIII, a humanidade passou a produzir bens em escala cada vez maior, o que passou a exigir quantidade maior de matéria-prima. Também se observou um acréscimo considerável de população, que se concentrou cada vez mais nos centros urbanos que emergiam. Por consequência, os problemas ambientais decorrentes desses dois aspectos tornaram-se cumulativos".
>
> Fonte: Roman (1996, p. 40).

Uma era de grandes descobrimentos científicos com contribuições de Galileu Galilei, Francis Bacon, René Descartes, Isaac Newton, Leonardo da Vinci, Nicolau Copérnico, Johannes Kepler. Uma era onde proliferaram os instrumentos técnicos como a imprensa, a bússola e as fundições. Precursores de um paradigma de ciência que moldou a nossa cultura atual, são eles que lançam as bases de uma nova metodologia científica, por meio da observação dos fenômenos tal como ocorrem.

O Iluminismo buscou, pela racionalidade, fundar uma sociedade livre do domínio da irracionalidade, dos mitos, da superstição e da religião. Seus membros defendiam que a fé na ciência racional e objetiva levaria, finalmente, ao domínio da natureza e, portanto, à emancipação humana.

A modernidade deu à luz uma nova imagem do mundo, já não metafísica na busca por compreender a essência do ser e das coisas, mas funcional e *mecanicista*; o seu olhar reduziu a natu-

> "O mecanicismo, contrariamente ao organicismo anteriormente reinante, que concebia o mundo como um organismo vivo orientado para um fim, via a natureza como um mecanismo cujo funcionamento se regia por leis precisas e rigorosas.
>
> À maneira de uma máquina, o mundo era composto de peças ligadas entre si que funcionavam de forma regular e poderiam ser reduzidas às leis da mecânica.
>
> Um dos grandes defensores do mecanicismo foi o filósofo francês Descartes. Para Descartes o mundo material e o corpo humano eram como máquinas. A fim de entendê-las, o único que tinha de ser feito era separá-las em suas partes menores."
>
> Fonte: Aires Almeida (2001, p. 12).

reza a objeto, considerando-a como um meio para satisfazer as necessidades humanas.

> O princípio de causalidade postula que todo efeito deve ter sempre uma causa. Que, em idênticas circunstâncias, uma causa que sempre terá um mesmo efeito é conhecida como "princípio de uniformidade".

O interesse da ciência que emergiu desse contexto, mas que permanece até os dias de hoje, é pragmático e *causalista*, já não se interroga sobre o porquê e para quê dos fenômenos, mas enfatiza-se o como mais imediato e prático, por meio do *pensamento instrumental*. Uma racionalidade posta a serviço do progresso industrial e técnico.

> No seu livro *Eclipse da Razão*, publicado em 1955, Horkheimer define a razão subjetiva (instrumental) como a faculdade que torna possível as nossas ações. Essa razão se relaciona com os meios e fins. "A razão subjetiva se revela como a capacidade de calcular probabilidades e, desse modo, coordenar os meios corretos com um fim determinado" (Horkheimer, 1976, p. 13).

Uma era da razão, sustentada pelo *pensamento dicotômico* que remonta a analítica de Aristóteles, no princípio do terceiro excluído, o qual considera impossível ou contraditório, defender ao mesmo tempo uma proposição e sua negação.

Uma perspectiva simplificadora da realidade, que apresenta as clássicas dualidades como opostos: natureza e cultura, razão e emoção, sujeito e objeto, teoria e prática, indivíduo e sociedade, entre outras. Codificando as experiências como se fossem tudo ou nada, reduzindo a complexidade da realidade e ocultando a sua diversidade. Um pensamento que separa aspectos que são indissociáveis, que segundo Baggio (2001), apresenta uma forte limitação, como todo enfoque polarizador, por ignorar tantos outros elementos intermediários ou distintos que compõem a vida.

POSITIVISMO, LIBERALISMO E CAPITALISMO

No século XIX encontramos duas grandes filosofias enfrentando as suas formas de ver o mundo: por um lado, o Positivismo; e por outro, a teórica crítica.

A partir de Descartes, o mundo dos fenômenos exteriores tinha começado a ser objeto de uma rigorosa disciplina científica; mas o mundo do homem e das relações com os semelhantes continuava abandonado às especulações metafísicas e teológicas. Comte se propôs a fazer compreender que existiam leis tão precisas para a evolução da espécie humana como para a queda de uma pedra. Para tanto, ele criou uma abordagem que tentou estudar os fatos prescindindo das causas primeiras e das causas finais.

O Positivismo baseado em Comte e Stuart Mill, que vai desde Hume até Popper, estabeleceu entre as suas principais características o *monismo metodológico* (considerar o modelo físico-matemático como padrão regulador de toda explicação científica, tanto nas ciências naturais como nas ciências sociais), a explicação causal e o interesse dominador do conhecimento.

É Augusto Comte (1798-1857), por meio de sua corrente filosófico-científica denominada Positivismo, que estende os pressupostos da ciência natural que nascia no âmbito das relações humanas.

Uma abordagem que tem-se caracterizado por uma visão de mundo objetiva, em que a realidade existe fora do indivíduo e o conhecimento é considerado uma cópia fiel da realidade que adquirimos por meio dos sentidos.

O *Positivismo* foi considerado um método científico, mas também uma concepção filosófica do mundo e da história do pensamento, com a sua clássica lei dos três estados, na qual distinguia três estágios na evolução histórica e cultural da humanidade: o teleológico, no qual os fenômenos eram explicados pela força divina; o metafísico, no qual as causas dos fenômenos eram apresentadas em forma de ideias abstratas e princípios racionais; e o positivo, no qual as hipóteses são trocadas pela pesquisa dos fenômenos, orientados a comprovar e estabelecer leis da experiência. O estado positivo seria, então, o último estágio de evolução da sociedade e do pensamento.

Como teoria do conhecimento, o Positivismo negou-se a admitir outra realidade que não

> No Brasil, os positivistas tiveram participação marcante na proclamação da República de 1889 e na Constituição de 1891, além de serem responsáveis pelo lema na bandeira brasileira: "Ordem e Progresso".
>
> Michel Löwy apresenta uma síntese de três ideias principais do Positivismo.
>
> A primeira é a hipótese fundamental do Positivismo: "a sociedade humana é regulada por leis naturais", leis invariáveis, independentes da vontade e da ação humana, como a lei da gravidade ou do movimento da Terra em torno do Sol, de modo que na sociedade reina "uma harmonia semelhante à da natureza, uma espécie de harmonia natural".
>
> Dessa primeira hipótese decorre, para o Positivismo, a conclusão epistemológica de que "a metodologia das ciências sociais tem de ser idêntica à metodologia das ciências naturais, posto que o funcionamento da sociedade é regido por leis do mesmo tipo da natureza".
>
> A terceira ideia básica do positivismo, talvez a de maior consequência, reza que "da mesma maneira que as ciências da natureza são ciências objetivas, neutras, livres de juízos de valor, de ideologias políticas, sociais ou outras, as ciências sociais devem funcionar exatamente segundo esse modelo de objetividade científica". Ou seja: o Positivismo "afirma a necessidade e a possibilidade de uma ciência social completamente desligada de qualquer vínculo com as classes sociais, com as posições políticas, os valores morais, as ideologias, as utopias, as visões de mundo, pois este conjunto de opções são prejuízos, preconceitos ou prenoções que prejudicam a objetividade das Ciências Sociais".
>
> Fonte: Löwy (1985, p. 35-36).

fosse a dos fatos, suscetíveis de verificação e factíveis de serem percebidos pelos sentidos; e a pesquisar outra coisa além das relações entre os fatos.

Como método científico, o Positivismo estabeleceu um conjunto de premissas; *a observação é a base de todo conhecimento. Esta observação é sempre objetiva*, ou seja, independente do sujeito que conhece. Assim, nasceu a suposta neutralidade e objetividade da ciência e do conhecimento, evitando os juízos de valor.

O Positivismo acreditava que, por meio dos seus métodos científicos objetivos e da construção de leis gerais, concretizaria o sonho de uma ciência determinista e prescritiva, com capacidade de controlar a natureza e, como veremos mais tarde, os homens. Um movimento que acompanhou o nascimento e a afirmação da organização industrial da sociedade, fundada na ciência e na tecnologia; e pretendeu oferecer uma justificativa e uma saída à instabilidade social criada pela revolução industrial.

Na segunda metade do século XIX, o Positivismo, já consolidado como corrente de pensamento predominante, favorecido pelo progresso das ciências e pela revolução industrial, desenvolveu uma simbiose com o evolucionismo de Herbert, constituindo-se em uma vertente que pretendeu dar uma explicação do universo em seu conjunto, baseada em uma deturpada ideia do evolucionismo de Darwin chamada *darwinismo social*.

> O filósofo inglês Herbert Spencer (1820-1903) foi o principal representante do evolucionismo nas ciências humanas. Uma perspectiva que considerou as sociedades como organismos biológicos.

Herbert Spencer (1820-1903) pensava que, se a lei natural consistia na sobrevivência dos mais aptos, era contraproducente que a sociedade tratasse de elaborar leis para proteger os mais fracos. Este paradigma justificou a pobreza pós-Revolução Industrial, sugerindo que os que estavam pobres eram os menos aptos. Durante o século XIX as potências europeias usaram o darwinismo social como justificativa para o imperialismo europeu, fundamentalmente na África e Ásia; assim como os estados totalitários utilizaram este chamado racismo científico para justificar a limpeza étnica, a tortura e a morte.

> A sociologia moderna e o funcionalismo foram criados por Émile Durkheim (1858-1917), sociólogo francês.
> Durkheim segue a linha de Comte e Stuart Mill, o positivismo dos fatos sociais.
> Assim, a sociedade industrial foi considerada por Durkheim como um grande organismo vivo, cuja unidade seria maior que as partes que o compõem.
> O papel fundamental da sociologia, nessa visão, seria a de explicar a sociedade para manter a ordem vigente, vendo a transformação social como uma anomalia.

O *funcionalismo*, ou a análise social estrutural-funcionalista, de ampla raiz positivista, concebeu a sociedade como um sistema coeso, em que os elementos dependiam uns dos outros; em que cada costume, crença ou ideia tinha uma função necessária, essencial para a manutenção da "ordem" e da organização social, definida como a conservação da estabilidade. Um conceito básico no funcionalismo foi o de integração social. A integração, explicavam os funcionalistas, podia produzir-se (segundo o tipo de sociedade) pelo consenso, pela repressão, pela obrigação mútua dos indivíduos, entre outras.

Liberalismo e Capitalismo foram outras duas manifestações da visão positivista do mundo. O liberalismo econômico levantou as bandeiras do *individualismo*, pregou o fim da intervenção do Estado na produção e na distribuição das riquezas, e defendeu a livre concorrência.

> Para os liberais, o indivíduo deve ser colocado acima do Estado.

Nessa perspectiva vemos como o mercado se autorregula e cria a sua própria *moral*, considerando que o individualismo, o egoísmo, a concorrência desmedida e a ganância seriam os eixos propulsores para o progresso da humanidade. Um progresso para poucos, os mais aptos.

> Adam Smith sentou as bases de um pensamento segundo o qual a busca pelo autointeresse egoísta conduziria inevitavelmente ao progresso social.

Assim, as indústrias, com máquinas mais eficientes, capazes de produzir em grande escala, puderam começar a produzir já não em função das necessidades sociais, mas, sobretudo, visando o aumento do lucro das empresas. Este processo esteve marcado, e ainda está, pela publicidade, que começou a gerar necessidades supérfluas, dando origem à cultura do consumismo.

O Positivismo começou a se transformar, a partir da primeira guerra mundial, fundamentalmente no que diz respeito ao método científico, tentando responder às sucessivas crises das visões anteriores. O Positivismo apresentava alguns problemas, ele não era compatível com novas ideias, como a física quântica. Era fato que essas teorias não podiam ser embasadas em observações empíricas. Assim, entre as duas guerras mundiais, o desenvolvimento da lógica se vinculou ao Positivismo, dando lugar ao racionalismo crítico. Essa etapa histórica significou enormes transformações para a tradição positivista. Popper inaugurou uma nova visão da ciência.

A ciência continuou sendo fundamentada no esquema lógico básico de explicação causal, porém, deixou de ser um saber absolutamente seguro para passar a ser hipotético e conjectural; deixou de seguir um caminho indutivo, para ser dedutivo; abandonou a verificação, pela falsificação. Para Popper, o conceito de contrastabilidade é que outorga caráter científico a uma hipótese ou a uma teoria. Se a hipótese tem consequências observacionais, que permitem pôr à prova mediante a constatação, então é científica.

Na perspectiva econômica, segundo Baruco (2005), o liberalismo, depois de passar pelo keynesianismo originado na grande depressão dos anos de 1930, emergiu com força até os nossos dias; *Milton Friedman*, um dos seus mais importantes representantes, propôs que o Estado não interviesse na economia, deixando o controle da economia para o capital privado, questionando os governos que tentavam regular o mercado.

> Reagan e Margaret Thatcher, Primeira Ministra do Reino Unido, começaram a aplicar as teorias econômicas de Friedman na prática, com o objetivo de permitir que as corporações operassem livremente para maximizar seus ganhos em qualquer parte do mundo. Um processo de livre comércio, desregulamentação, privatização de empresas públicas e controle da inflação.

Governo do mercado, liberação das empresas privadas de qualquer controle governamental, maior abertura ao comércio e ao investimento internacional, redução de salários e supressão de direitos trabalhistas, eliminação do controle de preços; essas são algumas das características desse modelo que ainda hoje governa o mundo. Uma liberdade completa de movimento de capitais, bens e serviços, como a que levou à crise internacional, que o mundo atravessa na atualidade.

Friedman acreditava que um mercado desregulado é a melhor forma de aumentar o crescimento econômico que definitivamente beneficiaria toda a sociedade. Um modelo que *aprofundou a desigualdade entre ricos e pobres*, com políticas de redução do gasto público em serviços sociais, como educação e atenção à saúde, e redução da rede de segurança dos pobres. Propunha a privatização, a venda de empresas, bens e serviços públicos a investidores privados; bancos, indústrias, vias férreas, estradas, escolas e hospitais, além da energia elétrica e até água potável, tudo em nome da eficiência. Um modelo que, em paralelo ao grande avanço da ciência e da tecnologia, tem ocasionado também todos os nossos problemas atuais, graves

> "O monetarismo já era um enfoque conhecido na América Latina, pois que havia sido experimentado na condução da política econômica no Chile (1956-1958); na Argentina (1959-1962); na Bolívia (1956); no Peru (1959) e no Uruguai (1959-1962). Pese aos resultados negativos de tais programas, na década de setenta, novos programas de estabilização monetária de inspiração monetarista foram implementados na região.
> Sendo o Chile o primeiro país a fazê-lo em 1973, após o golpe militar que derrubou o governo de Salvador Allende. Na sequência, vieram o Uruguai, em 1974, e a Argentina, em 1976. Portanto, as políticas neoliberais são experimentadas na região antes mesmo de sua disseminação mundo afora a partir dos anos 80."
>
> Fonte: Baruco (2005, p. 4).

índices de poluição, desmatamento, destruição de ecossistemas, pobreza extrema, concentração da renda, desigualdade, entre outros.

Já nos anos de 1950, o economista *Fritz Schumacher* chamava a atenção sobre a miopia da visão econômica, na qual a destruição de um ecossistema era comemorada com o aumento do PIB, sem perceber que um dia isso significaria a ruína do país.

No entanto, analisando a literatura na área de administração de empresas, vemos que ainda persiste um paradigma depredador, caracterizado pela cegueira que seu pensamento instrumental provoca, e uma profunda crise ética, moral e valorativa; um modelo que continua sustentando que os fins justificam os meios, ao melhor estilo maquiavélico; um estilo que podemos catalogar na categoria de *ensino para a depredação*, convertendo as pessoas em recursos, sem importar a ética, a liberdade, ou nada mais do que fazer dinheiro.

> Ernst Friedrich "Fritz" Schumacher (1911-1977), promotor do termo "tecnologia apropriada", compreendeu o valor do "desenvolvimento sustentável".
> Fonte: Schumacher (1983).

> Um mestre em administração de empresas publicou no site da FEA-USP, em 2009, um artigo que pode desvelar o pensamento corporativo atual.
> Diz o texto:
> "Temos que assumir que as escolas de administração formam os exploradores e devem oferecer os instrumentos para que esta exploração seja mais efetiva.
> Afinal, o objetivo do estrategista não é melhorar a empresa, torná-la mais eficiente e melhor para a sociedade. O estrategista busca subjugar os clientes, dominar os empregados e derrotar os concorrentes.
> O conjunto de objetivos deve contribuir para o objetivo maior da empresa que é maximizar o valor para o acionista. A empresa prioriza o lucro em detrimento de outros objetivos ou valores como individualidade, ética, liberdade etc."
> Fonte: Ribeiro de Almeida (2009, p. 3).

Um artigo de estratégia para empresas, publicado pela FEA-USP, em 2009, pode nos dar uma ideia do contexto no qual nos encontramos.

O autor, fiel expoente do paradigma depredador, fundamenta que a teoria crítica resulta muito útil para formar o estrategista corporativo, já que a apresenta, de forma mais clara e evidente do que a teoria comum de estratégia, como o estrategista deve exercer a sua função de dominação.

O autor ainda, sem vergonha alguma, reconhece que a sua proposta é imoral, mas também reconhece que é mais honesta que a teoria da estratégia ensinada aos administradores, que esconde a sua verdadeira intenção de dominação da empresa sobre o mercado, ou seja, sobre os funcionários, clientes e concorrentes.

Ele diz:

A teoria crítica denuncia a exploração do funcionário pela empresa. Uma das proposições deste artigo é que o estrategista (aquele que decide as principais dire-

> "A formação do imaginário de uma pessoa está ligada à forma com que ela percebe o seu 'mundo' exterior, partindo das características do seu 'mundo' interior. Apesar deste 'mundo' interior ser particular, ele tende a se moldar às formas 'estipuladas', tanto consciente quanto inconscientemente, pelo coletivo" (Faria et al., 2007, apud Ribeiro de Almeida, 2009, p. 7).
>
> "Como o domínio denunciado pela teoria crítica é principalmente subjetivo, onde a pessoa controlada não percebe que está sendo explorada, o estrategista deve se valer deste tipo de domínio para não ficar lutando contra um grupo de funcionários ou clientes descontentes. Para fazer isso a empresa deve criar sistemas de vigilância sobre a formação do imaginário das pessoas para que elas não percebam a realidade como algo ruim que deve ser modificado" (Ribeiro de Almeida, 2009, p. 1).
>
> "Assim ela pode criar um sistema de vigília do imaginário para moldá-lo conforme a sua vontade."
>
> "Essa proposta é imoral? Provavelmente, mas é mais honesta que o restante da teoria de estratégia que não transparece a proposta de dominação da empresa sobre o mercado (clientes e concorrentes)" (Ribeiro de Almeida, 2009, p. 1).

ções da empresa) deve ser apontado como o explorador que exerce domínio sobre os funcionários. As denúncias feitas pela teoria crítica servem como boa literatura para ajudar a formação do estrategista. Ou seja, o estrategista deve fazer exatamente o que a teoria crítica condena: dominar funcionários, explorar clientes e derrotar concorrentes.

O que o estrategista deseja é que os consumidores dependam do produto, não tenham opção de escolha nem possam comparar o seu produto com outro substituto. Mas o objetivo deste artigo é exatamente mostrar que essa dominação, denunciada pela teoria crítica, é a estratégia ideal para as empresas.

Não basta a empresa ganhar os clientes (aumentando a sua fatia de mercado) a empresa deve ganhar dos clientes, pois há uma disputa do cliente que quer pagar menos e receber mais (serviços ou desempenho) e a empresa que deseja o contrário. Aliás, a empresa precisa empurrar ao cliente até algo que ele não queira.

Como vemos, a realidade atual é grave, mais grave do que a que vivenciaram os autores da escola de Frankfurt, já que além de todas as características que o pensamento econômico neoliberal apresentava, desde 1990 o capitalismo financeiro adquiriu hegemonia sobre o capital produtivo.

Os vencedores da Segunda Guerra fizeram questão de demonstrar que não só havia caído um sistema político, mas que o capitalismo era o único sistema possível.

Hoje, ainda depois da grave crise econômica internacional vivida, com um aumento de 200 milhões de pobres e do desemprego que alcançou 10% em âmbito internacional, os principais países geradores desta crise, Estados Unidos e Grã-Bretanha, não se dispõem a realizar maior controle da especulação do mercado financeiro, apostando alto na liberdade de mercado.

TEORIA CRÍTICA E HERMENÊUTICA

Por outro lado, foi desenvolvida no século XIX, sobretudo no âmbito alemão, uma corrente hermenêutica e antipositivista, uma perspectiva que criticava fortemente o espírito da ilustração e a modernidade, e seu conceito de razão; uma perspectiva que representava, segundo Theodor Adorno (1903-1969), o domínio racional sobre a natureza, que implica paralelamente um domínio irracional sobre o homem. Os diversos fenômenos de barbárie moderna, fascismo e stalinismo não seriam mais do que amostras desse modelo de pensamento.

Essa tradição não aceitou o monismo metodológico do modelo positivista. Recusou a redução da razão à *razão instrumental*, pois, ao centrar-se na atenção das necessidades humanas, a ciência passou de fim a meio; e o fim (objetivo final) passou a ser o bom funcionamento do sistema, produção, consumo e lucro. Assim, a *indústria cultural* promoveu os fins da vida por meio da relação entre poder, sucesso, consumo e felicidade. E a escola colaborou com o desenvolvimento de um estilo de pensamento que atuou como uma ferramenta na busca dos meios adequados para alcançar estes fins. *A razão fugiu de si própria*, fugiu da sua autoconsciência, ocultando a sua capacidade de se autocompreender, renunciando a compreender a realidade humana.

> A razão ocidental, caracterizada pela sua elaboração dos meios para obtenção dos fins, se hipertrofia em sua função de tratamentos dos meios, e não na reflexão objetiva dos fins.

> "Nesse processo, a indústria que faz da cultura mercadoria, fundindo-a com a diversão e o entretenimento, expõe os indivíduos a seus produtos e torna-se a apologia da sociedade que impede a realização do humano nos homens."
>
> Fonte: Evangelista (2003, p. 16)

> Chegamos, desta forma, à gênese de um indivíduo que consegue ver apenas a aparência das coisas, nunca a sua essência.
>
> Um homem conformista, consumista e acrítico. Ele não tem consciência de si mesmo, muito menos dos outros.

A escola crítica também rechaçou o afã causalista e mecanicista do conhecimento, o qual forneceu uma análise descontextualizada, pretensamente neutra e universal da realidade.

Os hermeneutas, além disso, começaram a questionar o método explicativo das ciências positivas como padrão de racionalidade para todas as ciências; eles sugeriram uma distinção entre as ciências da natureza (cujo objetivo é explicar o real) e as ciências do espírito (cuja finalidade é compreender o homem).

> Para Adorno e Horkheimer o conhecimento deve ter a pretensão de compreender o dado tal como ele está inserido no contexto total, ou seja, compreender "seu sentido social, histórico, humano"
>
> Fonte: Adorno e Horkheimer (1985, p. 38).

Weber insistiu na *compreensão* como metodologia característica das ciências humanas, expondo que, na realidade, os objetos de estudo apresentam uma relação de valor, fazendo que sejam relevantes, isto é, com uma significação que não possui os objetos das ciências naturais. Essa linha teórica recuperou de Hegel a importância do sentido do desenvolvimento histórico para compreender o presente, a partir de um movimento dialético, que incluiu a ideia de superação de opiniões opostas, para encontrar a verdade.

> A raiz fundamental do método para esta tradição é a razão crítica. A crítica persegue o interesse emancipador, que implica a observação dos dados particulares, vendo-os estruturados na totalidade social.

Na escola de Frankfurt terminou germinando uma nova abordagem teórica, a *teoria crítica*, com os aportes de Horkheimer, Adorno, Marcuse, Fromm, Löwenthal e Pollock, que tentou incorporar à linha hegeliano-marxista, com o objetivo de proporcionar uma teoria da sociedade "que possibilite à razão emancipável as orientações para caminhar para uma sociedade boa, humana e racional" (Mardones, 1994, p. 38).

> Para Adorno e Horkheimer, a razão é uma faculdade que nos permite não só conhecer o mundo, mas construí-lo e modificá-lo.

É uma linha de pensamento que postula que *o mundo que observamos em parte é construído pelo observador*, como já expressava Horkheimer (apud Mardones, 1994, p. 19):

> A percepção está mediada pela sociedade na qual se vive: quando nos recusamos a perceber esta mediação da cultura no momento histórico, estamos condenados a perceber só aparências. Não se nega a observação, mas sim, a sua supremacia como fonte de conhecimento, também não se negam os fatos, mas se nega a convertê-los em realidade.

A sociedade, para os críticos, é ao mesmo tempo sujeito e objeto. Não se alcança a objetividade da ciência eliminando o sujeito da equação, ao contrário, ela é alcançada incorporando e criticando não só as subjetividades, mas os próprios sujeitos. Para Horkheimer, se a crítica não é social, os seus conceitos não são verdadeiros. Isso significa que não existe a suposta neutralidade do conhecimento científico e que ele, em definitivo, depende do contexto cultural e da visão de mundo que possui o autor.

Horkheimer, no seu intento de interpretar o conceito de racionalidade ou razão que se encontra por trás da cultura industrial, distingue entre *razão objetiva e razão subjetiva*. O Positivismo, para o autor, constituiu a base teórica dessa razão instrumental.

> A primeira é a razão que se ocupa em encontrar os fins que o homem se coloca ao longo da vida, para fazê-la mais humana; a segunda é a razão que se ocupa em resolver os problemas práticos, técnicos, da relação entre fins e meios, sem examinar a sua racionalidade.

Uma razão questionada também por Marcuse (1985), na sua análise sobre o homem unidimensional, que só conhece a razão técnica, eliminando todo tipo de valoração moral. O que fica em evidência é que a razão instrumental inibe a reflexão sobre os objetivos para os quais a sociedade se dirige, deixando fora o debate racional sobre os fins e os valores sociais, ficando refém da arbitrariedade e de decisões irracionais, produto de desejos e interesses de grupos de poder.

Ou seja, o paradoxo consiste em fazer esforços por construir um edifício racional, objetivo e estável do conhecimento humano, e posteriormente deixá-lo a serviço da *irracionalidade*, da destruição, do medo, da exploração do homem pelo homem e da eventual

> A razão tornou-se irracional e embrutecida.
> Fonte: Horkheimer (1976, p. 19).

destruição total do ambiente. No passado, o conhecimento técnico-científico foi utilizado para a destruição. O exemplo mais representativo pode ser o de Dowbor (2001) na sua análise sobre as tecnologias do conhecimento e os desafios da educação:

> Terminada a última guerra mundial foi encontrada, num campo de concentração nazista, a seguinte mensagem dirigida aos professores:
>
> Prezado Professor,
>
> Sou sobrevivente de um campo de concentração. Meus olhos viram o que nenhum homem deveria ver.
> Câmaras de gás construídas por engenheiros formados. Crianças envenenadas por médicos diplomados.
> Recém-nascidos mortos por enfermeiras treinadas.
> Mulheres e bebês fuzilados e queimados por graduados de colégios e universidades.
> Assim, tenho minhas suspeitas sobre a Educação.
> Meu pedido é: ajude seus alunos a tornarem-se humanos.
> Seus esforços nunca deverão produzir monstros treinados ou psicopatas hábeis.

Ler, escrever e aritmética só são importantes para fazer nossas crianças mais humanas.

As tecnologias são importantes, mas apenas se soubermos utilizá-las. E saber utilizá-las não é apenas um problema técnico.

E precisamente como reação a essa barbárie do nazismo é que emerge a teoria crítica da primeira escola de Frankfurt, a que postula que o Positivismo nega a faculdade crítica da razão, permitindo-lhe operar só no campo dos fatos. O conhecimento no Positivismo é reduzido ao domínio exclusivo da ciência, e a ciência dentro de uma metodologia que se limita à descrição, classificação e generalização de fenômenos, ficando fora de seus confins a análise valorativa do que é importante e do que não é, a análise de prioridades valorativas, da ética das ações.

Assim, chegamos ao descontrole do homem sobre a influência da racionalidade instrumental, a irracionalidade denunciada por Horkheimer e Adorno na sua análise da indústria cultural.

Os novos olhos da ciência moderna, diz Mardones (1994, p. 24),

> estão petrificados de ânsias de poder e controle da natureza. O centro já não é o mundo, mas sim o homem. Por esta razão, seu olhar converte e reduz a natureza em objeto para as suas necessidades e utilidades.

> Esse novo interesse – pragmático, mecânico e causalista – não colabora para que a ciência possa perguntar o "porquê e o para quê" dos fenômenos; mas o "como" mais imediato e mais prático dos fenômenos e as suas consequências.

> Transformou a razão ocidental em força destrutiva.
> Fonte: Marcuse (1985).

O chamado progresso da *civilização industrial capitalista moderna* não só aprofundou a destruição do entorno natural como foi a base de sustentação da moderna forma de matar; produziu as fábricas da morte organizadas de Auschwitz e seus discursos pseudocientíficos para justificar o holocausto; mas que também produziu Hiroshima e Nagasaki, que como coloca Löwy (2000, p. 4),

> em muitos aspectos representou um nível superior de modernidade, tanto pela novidade científica e tecnológica representada pela arma atômica, quanto pelo

caráter ainda mais distante, impessoal, puramente "técnico" do ato exterminador: pressionar um botão, abrir a escotilha que liberta a carga nuclear.

Uma modernidade que também por meio da ciência e da tecnologia sustentou a ditadura stalinista, a Guerra no Vietnã, as ditaduras militares latino-americanas, com os seus refinados métodos de tortura, as invasões em Iraque, Afeganistão, Líbano e Gaza.

Um "progresso" que custa a vida de uma criança menor de 5 anos a cada três segundos, morrendo por causas evitáveis: água poluída, subnutrição e pobreza. Uma modernidade que agora está nos levando rapidamente a um desastre socioambiental.

Essa escola analisa *a indústria cultural* como uma forma de totalitarismo, já que ela impede a formação de opiniões e ao mesmo tempo impõe opiniões de um grupo dominante. Segundo esses autores, as mídias tomam o lugar do espaço público, e nelas quem decide o que vai ser dito e como vai ser dito são aqueles que respondem ao interesse privado de acúmulo de capital e de poder. *São os meios de comunicação de massa que cotidianamente editam a realidade que nos é apresentada.*

Claro que estes não são os únicos subterfúgios utilizados pelos meios de comunicação para manipular a opinião pública. O linguista estadunidense Noam Chomsky elaborou a lista das "10 estratégias de manipulação" mais comuns utilizadas pela mídia:

A estratégia da distração – O elemento primordial do controle social é a estratégia da distração, que consiste em desviar a atenção do público dos problemas importantes e das mudanças decididas pelas elites políticas e econômicas, mediante a técnica do dilúvio ou inundações de contínuas

> Os meios de comunicação atualmente têm se convertido em uma indústria da desinformação e a manipulação.

> Para ilustrar como se edita a realidade na grande mídia, apresentamos o relato do professor Laurindo Lalo Leal Filho, sociólogo e jornalista, professor da Escola de Comunicações e Artes da USP, que, junto a professores de nove faculdades de comunicação, visitou o Jornal Nacional da rede Globo para conhecer um pouco do funcionamento do Jornal Nacional.
>
> **De Bonner para Homer** – O editor-chefe considera o obtuso pai dos Simpsons como o espectador padrão do Jornal Nacional da Rede Globo.
>
> Um grupo de professores da USP está reunido em torno da mesa onde o apresentador de tevê William Bonner realiza a reunião de pauta matutina do Jornal Nacional, na quarta-feira, 23 de novembro de 2007. Alguns custam a acreditar no que veem e ouvem. A escolha dos principais assuntos a serem transmitidos para milhões de pessoas em todo o Brasil, dali a algumas horas, é feita superficialmente, quase sem discussão.
>
> Depois de um simpático *"Bom dia"*, Bonner informa sobre uma pesquisa realizada pela Globo que identificou o perfil do telespectador médio do Jornal Nacional. Constatou-se que ele tem muita dificuldade para entender notícias →

→ complexas e pouca familiaridade com siglas como BNDES, por exemplo. Na redação do Jornal Nacional, foi apelidado de Homer Simpson.

Você, claro, conhece o obtuso personagem que adora ficar no sofá comendo rosquinhas e bebendo cerveja, preguiçoso e de raciocínio extremamente lento.

A explicação inicial seria mais do que necessária. Daí para a frente o nome mais citado pelo editor-chefe do Jornal Nacional é o do senhor Simpson: "Essa o Homer não vai entender", diz Bonner, com convicção, antes de rifar uma reportagem que, segundo ele, "o telespectador brasileiro médio não compreenderia".

Mal-estar entre alguns professores. Dada a linha condutora dos trabalhos – "atender ao Homer" –, passa-se à reunião para discutir a pauta do dia.

Todos recebem, por escrito, uma breve descrição dos temas oferecidos pelas "praças" (cidades onde se produzem reportagens para o jornal) que são analisados pelo editor-chefe.

A primeira reportagem oferecida pela "praça" de Nova York trata da venda de óleo para calefação a baixo custo feita pela empresa de petróleo da Venezuela para famílias pobres do estado de Massachusetts. A "oferta" jornalística informa que a empresa venezuelana, "que tem 14 mil postos de gasolina nos Estados Unidos, separou 45 milhões de litros de combustível" para serem "vendidos em parcerias com ONGs locais a preços 40% mais baixos do que os praticados no mercado americano".

Sem dúvida, uma notícia de impacto social e político. Mas o editor-chefe do Jornal Nacional apenas pergunta se os jornalistas têm a posição do governo dos Estados Unidos antes de, rapidamente, dizer que considera a notícia "imprópria" para o jornal. E segue em frente.

Na sequência, uma imitação do presidente Lula e da fala de um argentino, passa a defender com grande empolgação uma matéria oferecida pela "praça" de Belo Horizonte: em Contagem, um juiz estava determinando a soltura →

distrações e de informações insignificantes. A estratégia da distração é igualmente indispensável para impedir ao público de interessar-se pelos conhecimentos essenciais, na área da ciência, da economia, da psicologia, da neurobiologia e da cibernética. Manter a atenção do público distraída, longe dos verdadeiros problemas sociais, cativada por temas sem importância real. Manter o público ocupado, ocupado, ocupado, sem nenhum tempo para pensar.

Criar problemas, depois oferecer soluções – Este método também é chamado "problema-reação-solução". Cria-se um problema, uma "situação" prevista para causar certa reação no público, a fim de que este seja o mandante das medidas que se deseja fazer aceitar. Por exemplo: deixar que se desenvolva ou se intensifique a violência urbana, ou organizar atentados sangrentos, a fim de que o público seja o mandante de leis de segurança e políticas em prejuízo da liberdade. Ou também: criar uma crise econômica para fazer aceitar como um mal necessário o retrocesso dos direitos sociais e o desmantelamento dos serviços públicos.

A estratégia da gradação – Para fazer com que se aceite uma medida inaceitável, basta aplicá-la gradativamente, a conta-gotas, por anos consecutivos. É dessa maneira que condições socioeconômicas radicalmente novas (neoliberalismo) foram impostas durante as décadas de 1980 e 1990: Estado mínimo, privatizações, precariedade, flexibilidade, desemprego em massa, salários que já não asseguram ingressos decentes, tantas mudanças que haveriam provocado uma revolução se tivessem sido aplicadas de uma só vez.

A estratégia do deferido – Outra maneira de se fazer aceitar uma decisão impopular é a de apresentá-la como sendo "dolorosa e necessária", obtendo a aceitação pública, no momento, para uma aplicação futura. É mais fácil aceitar um sacrifício futuro do que um sacrifício imediato. Primeiro porque o esforço não é empregado imediatamente. Em seguida porque o público, a massa, tem sempre a tendência a esperar ingenuamente que "tudo irá melhorar amanhã" e que o sacrifício exigido poderá ser evitado. Isso dá mais tempo ao público para acostumar-se com a ideia de mudança e de aceitá-la com resignação quando chegar o momento.

Dirigir-se ao público como crianças – A maioria da publicidade dirigida ao grande público utiliza discurso, argumentos, personagens e entonação particularmente infantis, muitas vezes próximos à debilidade, como se o espectador fosse um menino ou um deficiente mental. Quanto mais se intente buscar enganar o espectador, mais se tende a adotar um tom infantilizante. Por quê? Se você se dirige a uma pessoa como se ela tivesse a idade de 12 anos ou menos, então, em razão da sugestionabilidade, ela tenderá, com certa probabilidade, a uma resposta ou reação também desprovida de um sentido crítico como a de uma pessoa de 12 anos ou menos de idade.

Utilizar o aspecto emocional muito mais do que a reflexão – Fazer uso do aspecto emocional é uma técnica clássica para causar um curto-circuito na análise racional e por fim ao sentido crítico dos indivíduos. Além do mais, a utilização do registro emocional permite abrir a porta de acesso ao inconsciente para implantar ou enxertar ideias, desejos, medos e temores, compulsões, ou induzir comportamentos.

Manter o público na ignorância e na mediocridade – Fazer que o público seja incapaz de compreender as tecnologias e os métodos utilizados para seu controle e sua escravidão. A qualidade da educação dada às classes sociais inferiores deve ser a mais pobre e medíocre possível, de forma que a distância da ignorância que paira entre as classes inferiores às classes sociais superiores seja e permaneça impossível para o alcance das classes inferiores.

→ de presos por falta de condições carcerárias. A argumentação do editor-chefe é sobre o perigo de criminosos voltarem às ruas. "Esse juiz é um louco", chega a dizer, indignado. Nenhuma palavra sobre os motivos que levaram o magistrado a tomar essa medida e, muito menos, sobre a situação dos presídios no Brasil. *A defesa da matéria é em cima do medo*, sentimento que se espalha pelo país *e rende preciosos pontos de audiência*. Sobre a greve dos peritos do INSS, que completava um mês – matéria oferecida por São Paulo – o comentário gira em torno dos prejuízos causados ao órgão. "Quantos segurados já poderiam ter voltado ao trabalho e, sem perícia, continuam onerando o INSS", ouve-se. Sobre os grevistas? Nada.

Homer é burro. Homer ama TV Globo. Oh, tristeza... Como é difícil dizer que tenho orgulho de ser brasileiro....

Fonte: Leal Filho (2007).

Estimular o público a ser complacente na mediocridade – Promover ao público a achar que é moda o fato de ser estúpido, vulgar e inculto.

Reforçar a revolta pela autoculpabilidade – Fazer o indivíduo acreditar que é somente ele o culpado pela sua própria desgraça, por causa da insuficiência de sua inteligência, de suas capacidades, ou de seus esforços. Assim, em vez de rebelar-se contra o sistema econômico, o indivíduo se autodesvalida e culpa-se, o que gera um estado depressivo no qual um dos seus efeitos é a inibição da sua ação. E, sem ação, não há revolução!

Conhecer melhor os indivíduos do que eles mesmos se conhecem – No transcorrer dos últimos 50 anos, os avanços acelerados da ciência têm gerado crescente brecha entre os conhecimentos do público e aqueles possuídos e utilizados pelas elites dominantes. Graças à biologia, à neurobiologia e à psicologia aplicada, o sistema tem desfrutado de um conhecimento avançado do ser humano, tanto de forma física como psicológica. O sistema tem conseguido conhecer melhor o indivíduo comum do que ele próprio conhece a si mesmo. Isso significa que, na maioria dos casos, o sistema exerce um controle maior e um grande poder sobre os indivíduos do que os indivíduos a si mesmos.

Assim, essas técnicas são frequentemente utilizadas pelos donos dos meios de comunicação para manipular as opiniões e editar a realidade de acordo aos seus interesses comerciais e políticos.

Acontece que, por um lado, temos a grande *concentração de interesses privados* nos grandes meios de comunicação. Em alguns países a situação é tão grave que um grupo ou família chega a controlar até 70% dos veículos de comunicação, considerando TV aberta, TV a cabo, rádio, revistas e jornais. Por outro lado, cada vez mais os políticos criam os seus próprios veículos de comunicação para difundir a sua visão da realidade. No Brasil, segundo a pesquisa de Daniel Herz, coordenador do projeto Donos da Mídia, 271 políticos são sócios ou diretores de 324 veículos de comunicação. Mais de 55% de todos os veículos estão concentrados em mãos de políticos que, por sua vez, encontram-se concentrados em três partidos.

> "No Brasil, o Sistema Central de Mídia é estruturado a partir das redes nacionais de televisão.
> Mais precisamente, os conglomerados que lideram as cinco maiores redes privadas (Globo, Band, SBT, Record e Rede TV) controlam, direta e indiretamente, os principais veículos de comunicação no país.
> Esse controle não se dá totalmente de forma explícita ou ilegal. Entretanto, se constituiu e se sustenta contrariando os princípios de qualquer sociedade democrática, que tem no pluralismo das fontes de informação, um de seus pilares fundamentais".
> Fonte: Herz (2010).

Dessa forma, a realidade percebida por meio das mídias é uma espécie de ficção diária. Temos exemplos muito sérios no Brasil de meios que até têm alterado dados de pesquisas de opinião em campanhas presidenciais, com o objetivo de promover o candidato da sua escolha, e que permanentemente editam a realidade, realçando, diminuindo e até escondendo fatos em função dos seus interesses políticos e econômicos.

Adorno e Horkheimer diziam que isso tendia ao *pensamento único*. As pessoas são pautadas a discutir as mesmas coisas e a decidir pelo ponto de vista hegemônico da sociedade. O público se sente bem informado por assistir aos jornais, mas, na verdade, eles repetem a ideologia dominante; não há um ponto de vista novo sobre as coisas. Theodor Adorno acusou a indústria cultural de impedir a formação de indivíduos autônomos, independentes, capazes de julgar e de decidir conscientemente (USP Online, 2010).

> "Na sociedade positivista o homem deve se adaptar, desde cedo, a uma totalidade, que tem como lógica a eliminação do diferente, do não idêntico, e acaba por se ver, da mesma forma, privado de sua identidade.
> Esse processo se aprofunda com a globalização, que promove uma cultura global, dando possibilidades de produção em massa."
> Fonte: Sgrilli (2008).

Na indústria cultural, o neoliberalismo utiliza numerosos neologismos para destruir a perspectiva histórica, dando novos nomes a velhos processos. Surge, assim, o conceito de pós-moderno, de desenvolvimento sustentável, de globalização, de educação para o desenvolvimento sustentável; que procuram encobrir, ao invés de revelar, a natureza do liberalismo contemporâneo. Assim, podemos visualizar na vida política do Brasil, como os partidos mudam seus nomes, mas não suas ideias e formas de atuar.

Para Weber (apub Nobre, 2000, p. 21), a ciência positivista é uma ciência que tem radicalizado o desencantamento cultural. "O conhecimento racional é o fruto que, amadurecido como ciência moderna, traz o gosto amargo da rejeição da busca metafísica *pelo sentido da vida*".

A segunda geração da escola de Frankfurt – com Habermas e Apel, entre outros – introduz, sobre a base fenomenológica e hermenêutica, uma nova perspectiva que quer conti-

> "Para ele, o desencantamento do mundo e a formalização da razão são indissociáveis. O autor mostra, ainda, de que modo o mundo renuncia a seus aspectos 'místicos, míticos, sagrados, proféticos', fazendo com que o real se apresente como 'mecânico, repetitivo e causal'".
> Fonte: Alves e Teixeira (2006).
>
> Esse mundo, agora desencantado, gera um grande vazio na alma, que origina o mal-estar da cultura que já identificamos anteriormente.

nuar as análises de Kant sobre as relações entre razão teórica e razão prática, perspectiva que surge da análise dos interesses que regem o conhecimento. A tese é que não existe conhecimento sem interesse, ressaltando as diferenças a respeito do interesse técnico das ciências naturais, situado no controle e no domínio da natureza; o interesse libertador das ciências críticas, que se assenta na autorreflexão e no interesse prático das ciências interpretativas que tratam de estabelecer uma boa comunicação entre os dialogantes.

Para Habermas, o caminho da transformação implica mudar o paradigma da modernidade centrado no "eu", egoísta e individualista, por um paradigma centrado na comunidade. Assim, a procura por uma sociedade emancipada passa pela busca de uma comunicação que permita construir o *consenso intersubjetivo*. Em um mundo baseado numa racionalidade instrumental dominada pelo agir com respeito a fins, a transformação passa pela ampliação da função da linguagem, como instrumento de comunicação que possibilite o entendimento mútuo.

> Para Habermas, chegou o momento de abandonar o paradigma da relação sujeito-objeto, que tem dominado grande parte do pensamento ocidental, substituindo-o por outro paradigma: o da relação comunicativa, que parte das interações entre sujeitos, linguisticamente midiatizadas, que se dão na comunicação cotidiana.
>
> Fonte: Marques (1993).

E é precisamente por meio da linguagem, segundo os hermeneutas, que a história do conhecimento se constitui; é a partir da articulação linguística que se produzem os conceitos acerca da realidade. De acordo com Gadamer (1998, p. 687): "ser que pode ser compreendido é linguagem".

Mas como entender o significado da linguagem, partindo do reconhecimento da inexistência de uma linguagem unívoca, transparente, objetiva e permanente, ao estilo de Dilthey? Como superar a leitura ingênua, que não consegue penetrar nos sentidos do texto?

Segundo os hermeneutas, a linguagem se funda na abertura à significação, em que a produção de sentidos se dá por meio do diálogo e da troca; um processo de construção de conhecimento compreensivo (em oposição ao conhecimento explicativo).

No entanto, os hermeneutas sustentam que não é possível compreender sem o reconhecimento da historicidade, pois a consciência está mediatizada historicamente. Como Ricoeur (1977, p. 23) diz:

Antes da coerência de um texto, vem a da história, considerada como o grande documento do homem, como a mais fundamental expressão da vida. Dilthey é, antes de tudo, o intérprete desse pacto entre hermenêutica e história.

Assim, segundo Ricoeur, a interpretação exige entender as partes a partir do todo e o todo a partir das partes, criando, assim, aquilo o que se denomina "*círculo hermenêutico*". A compreensão, deste ponto de vista, é um processo referencial que pode ser entendido por meio de um processo comparativo. Aquilo que compreendemos se forma em um processo de círculos constituídos por diferentes partes.

> Shleirmacher (1768-1834) foi o primeiro a desenvolver a concepção de círculo hermenêutico.
> Para Shleirmacher, a compreensão se dá sempre de forma circular, oscilando em uma relação recíproca entre o singular e o todo do qual esse singular faz parte. Shleirmacher desenvolveu essa estrutura entre o todo e as partes no âmbito da interpretação de textos.

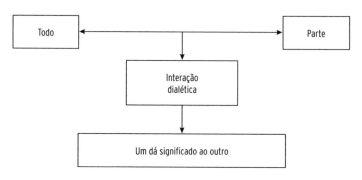

Figura 4.2: Círculo hermenêutico.

Para realizar uma análise hermenêutica, a partir da práxis da pesquisa, existem numerosos modelos. Para Baeza (2002), todo texto possui um autor e um intérprete. Para alcançar um processo de interpretação, o intérprete busca conhecer o contexto no qual é produzido o discurso, analisando cada um dos parágrafos da obra, produzindo assim uma primeira síntese.

Posteriormente, realiza-se o caminho inverso, considerando cada tema à luz do contexto do intérprete, chegando assim a uma comparação entre sentidos, que determina a interpretação.

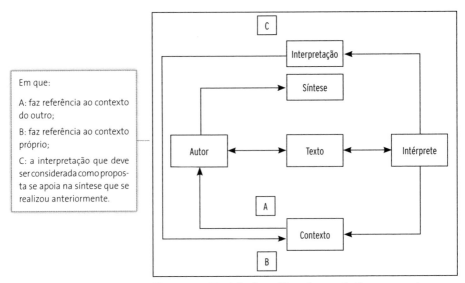

Figura 4.3: Modelo de análises hemenêuticas proposto por Manuel Baeza.

Fonte: Baeza (2002).

Para Baeza (2002), a interpretação é um "reconstruir". A compreensão é entendida, por ele, como a recriação da associação das ideias presentes no texto. A hermenêutica incorpora o texto e o leitor num processo de abertura; um permanente sendo, como um processo inacabado e em permanente processo de construção.

Para Gadamer (apud Echeverría, 1997, p. 244) "o sentido do texto pertence a ele, mas, além dele, a quem procura compreendê-lo". É um processo que incorpora os preconceitos, que atravessam toda ação de interpretação. Já que a consciência é dinâmica e depende de um momento histórico, a mudança da consciência de quem deseja compreender muda o sentido elaborado. Assim, como afirma o autor, "o sentido não acaba nunca, se reorganiza uma e outra vez; volta a se tecer de distinto modo. Tudo isso em virtude da mobilidade da distância temporal, que a consciência assume".

Essa postura rechaça a pretensão positivista de alcançar a objetividade eliminando os preconceitos, e postula que estes determinam nossa compreensão, estejamos cientes disso ou não. Nesse sentido, a hermenêutica procura compreender os textos a partir do exercício interpretativo intencional e contextual.

COMPLEXIDADE E INTERDISCIPLINARIDADE

A tradição galileana do conhecimento, encarnada na ciência moderna, vem tentando dissipar a aparente complexidade dos fenômenos, a fim de revelar a ordem simples a que obedecem. Descartes inaugurou definitivamente o pensamento moderno, ao propor o uso disciplinado da razão como caminho para o conhecimento verdadeiro, formulando os princípios dessa nova forma de produção de saberes; um método baseado em uma série de operações de decomposição da coisa a conhecer e na redução às suas partes mais simples – o método analítico.

Iniciou-se, assim, uma forma de pensar que, na busca de uma verdade objetiva, retirou o sujeito da relação de conhecimento. Assim, pelo método científico, isto é, racional e objetivo, ia-se conhecer a natureza para dominá-la. Ergueu-se, então, todo um conjunto de categorias dicotômicas características do pensamento moderno: natureza e cultura, sujeito e objeto, matéria e espírito, corpo e mente, razão e emoção, indivíduo e sociedade, ser e pensamento.

Como Morin (1998b, p. 21) coloca, esse modelo de ciência, baseado nos modos simplificadores do conhecimento, tem demonstrado que mutila mais do que expressa as realidades e os fenômenos que tenta analisar: "É evidente que *produz mais cegueiras que elucidação*. [...] Vivemos atualmente sob o império dos princípios da disjunção, redução e abstração, unidos em um paradigma de simplificação", uma perspectiva que, segundo o autor, gerou a inteligência cega, que destrói os conjuntos e as totalidades, isola e separa os objetos de seus ambientes.

> A crise do pensamento positivista pôs-se de manifesto nos primeiros efeitos visíveis do modelo de desenvolvimento dominante.
> Nas três últimas décadas foram agravadas as problemáticas ambientais (locais, regionais e globais), naturais e humanas. Problemáticas originadas no modelo de desenvolvimento baseado "na cultura depredadora constituída por depredadores e vítimas".
>
> Fonte: McLaren (1997).

Uma rápida olhada nos problemas socioambientais atuais permite desvelar que as características mais presentes são as interconexões de distintas dimensões do real. Complexidade significa, nesse contexto, a emergência de processos, fatos e objetos multidimensionais, com componentes de acaso, caos e indeterminação. Considerado de maneira global, o ambiente compreende tanto fatores de ordem física, como fatores de ordem econômica e cultural. Assim, uma reflexão ambiental integra tanto a análise dos impactos do ser humano e da sua cultura sobre os elementos do contexto, como o impacto dos fatores naturais sobre a vida dos diversos grupos humanos.

O ambiente é complexo, isto é, um tecido de elementos heterogêneos, inseparavelmente associados. Este sistema ambiental complexo, do qual somos parte integrante, segundo García (1994, p. 42), apresenta como característica a sua dupla direcionalidade, nos processos que vão da modificação dos elementos às mudanças de funcionamento da totalidade, e das mudanças de funcionamento à reorganização dos elementos. Assim, "toda alteração num setor propaga-se de diversas maneiras através do conjunto de relações que definem a estrutura do sistema e em situações críticas [...] gera uma reorganização total".

Podemos afirmar, então, que o ambiente possui um caráter global e integral no qual todos os componentes estão interconectados, gerando uma dinâmica particular que não é possível de analisar apenas por uma perspectiva linear de causalidade. Por conseguinte, nenhum dos componentes do sistema atua isoladamente, são as suas interações que permitem esclarecer e compreender o seu funcionamento. É necessário compreender o caráter multidimensional da realidade e seus fenômenos.

Como Mardones (1994) assinala, assistimos, nas últimas duas décadas, a ênfase na complexidade. Esta seria uma característica geral que percorre a realidade, do objeto inanimado ao ser vivo, do humano ao social. A ciência, como repete continuamente Luhmann, não é mais que uma estratégia de redução da complexidade; não se pode perder de vista o sistema, nem o singular, nem o temporal, muito menos o local. Temos de atuar de forma conciliatória entre a visão totalizadora e a contextual. Uma metodologia que, como diz Morin, "não pode ter método próprio".

Uma perspectiva que percebe que, além do conhecimento científico, existem outras formas de conhecimento; que, além das leis da natureza, ordem e causalidade, constata que há, também, acaso e caos; que, além do pensamento instrumental, verifica a existência de outras formas de pensamento; que se faz imprescindível considerar os sentimentos associados ao conhecimento e os valores com os quais se interpretam os fatos empíricos; além do contexto.

Do ponto de vista metodológico, estamos avançando a um modelo de *complementaridade,* como Habermas já assinalou. Se os positivistas compreenderam que nas ciências sociais o verdadeiro interesse é entender os fins e motivos pelos quais acontece um fato, o qual é diferente de uma explicação causal, estaríamos no caminho da complementaridade de métodos.

É precisamente como consequência do reconhecimento da complexidade, que emergiram numerosas perspectivas metodológicas e epistemológicas para tentar abordá-la. A interdisciplinaridade emerge pela necessidade de dar uma resposta à fragmentação disciplinar causada pela epistemologia positivista. As ciências haviam-se dividido em disciplinas e a interdisciplinaridade pretendia restabelecer um diálogo entre elas.

> Isto é, "do reconhecimento da peculiaridade do Erklären (descrição-explicação) e do Verstehen (compreensão) de sua significatividade e razão de ser em cada caso. E da possibilidade da aplicação da explicação causal (Erklären), ou quase explicativa, no serviço da emancipação mediante a autorreflexão. [...]
> Uma ciência social crítico-hermenêutica com um método que necessariamente utilize a interpretação (Verstehen) como a explicação por causas (Erklären), orientada pelo interesse de emancipação e dirigida a fazer uma sociedade boa, humana e racional".
>
> Fonte: Mardones (1994, p. 48).

Desde então, o conceito de interdisciplinaridade vem-se desenvolvendo também nas ciências da educação. Elas aparecem em 1912, com a fundação do Instituto Jean-Jacques Rousseau, em Genebra, por Edward Claparède, mestre de Piaget.

Piaget sustentava que a interdisciplinaridade seria uma forma de se chegar à transdisciplinaridade, etapa que não ficaria na interação e reciprocidade entre as ciências, mas alcançaria um estágio em que não haveria mais fronteiras entre as disciplinas.

> Piaget (1976) distingue:
>
> Multidisciplinaridade: nível inferior de integração. Para solucionar um problema, busca-se informação e ajuda em várias disciplinas, sem que esta interação contribua para modificá-las.
>
> Interdisciplinaridade: segundo nível de associação entre disciplinas em que a cooperação entre disciplinas leva a interações reais, ou seja, uma verdadeira reciprocidade de trocas e enriquecimentos mútuos.
>
> Transdisciplinaridade: etapa superior de integração. Trataria da construção de um sistema total que não tivesse fronteiras sólidas entre disciplinas.

Podemos, entretanto, perceber que a interdisciplinaridade pretende garantir a construção de conhecimentos que rompam as fronteiras entre as disciplinas. Interdisciplinaridade é, nesse sentido, uma maneira de trabalhar o conhecimento que visa a reintegração de dimensões isoladas pela disciplinaridade. Com isso, pretendia-se alcançar uma visão mais ampla da realidade, superando a sua fragmentação.

Por outro lado, o cientista, biólogo e naturalista Ludwig von Bertalanffy (apud Miranda, 2003) critica a crescente divisão das ciências em diferentes

> Uma teoria que recorre à visão de Aristóteles de que "o todo é mais do que a soma de suas partes".
>
> Nesta perspectiva, um sistema é maior do que a soma de suas partes porque consiste nessas partes mais a maneira como as partes se relacionam umas com as outras e, além disso, mais as qualidades que emergem dessa relação.

áreas de conhecimento cada vez mais específicas e elabora como alternativa a esta visão cartesiana a *Teoria Geral dos Sistemas*.

Essa teoria assentou novas bases para a interdisciplinaridade; nela, a ênfase é dada à inter-relação e interdependência entre os componentes que formam um sistema, que é visto como uma totalidade integrada, sendo impossível estudar seus elementos isoladamente, como propunha Descartes e a ciência positiva. Assim, buscava-se uma teoria que fosse comum a todos os ramos da ciência.

> Os seres humanos se caracterizam por, literalmente, produzirem continuamente a si mesmos – daí chamarmos a organização que os define de organização autopoiética.
>
> Fonte: Maturana e Varela (1997, p. 84).
>
> O conceito foi aplicado por Maturana e Varela em âmbito celular, no entanto, posteriormente foi sendo aplicado também na esfera da educação, da sociologia etc.
>
> Assim, a partir desta perspectiva, educador e educando são vistos como sujeitos ativos, autopoiéticos; que se autoconstroem no ato educativo.

Essa perspectiva amadurece com Capra (1982) e o seu princípio de homeostase, caracterizado por um equilíbrio dinâmico, em que existe grande flexibilidade relativa no seu estado original. Os organismos vivos possuem um estado de não equilíbrio, estando sempre em uma espécie de atividade contínua. E posteriormente, com Maturana e Varela (1997) e sua noção da *autopoiese*, como forma de organização do ser vivo, diferenciando-os dos demais sistemas, pela sua característica circular de produção de componentes que formam a própria rede de relações de componentes que a geram.

Apesar da importância do enfoque sistêmico para a epistemologia, as ciências da computação, a ecologia e a administração de empresas; existem autores que questionam fortemente essa visão naturalista, não por ser errônea, mas por ser limitada. Leff (2000) e Vattimo (1992), entre outros, entendem que a complexidade ambiental vai muito além das concepções sistêmicas naturalistas, já que tem a ver com o pensamento do homem. As percepções, as interpretações e os conhecimentos que guiaram e guiam o processo de desenvolvimento de cada comunidade estão estreitamente vinculados aos desejos, interesses e lutas de poder.

Segundo Leff (2000) a interdisciplinaridade não pode ser considerada uma simples somatória dos paradigmas de conhecimento que construíram a disciplinaridade e degradaram o socioambiente. A interdisciplinaridade ambiental problematiza e transforma os paradigmas estabelecidos do conhecimento para internalizar o saber ambiental.

Além disso, diz o autor, a abordagem da complexidade ambiental não pode ser circunscrita às relações entre ciências, como se elas fossem as únicas formas de conhecimento válido, desterrando, assim, as outras formas não científicas de compreensão do mundo e das relações do homem consigo mesmo e com a natureza. É um diálogo de saberes que possibilita a construção de novos paradigmas do conhecimento.

Entendida dessa forma, a interdisciplinaridade implica um processo de inter-relação de processos, conhecimentos e práticas, que transcende às disciplinas científicas e às suas possíveis articulações. Um processo que, visto a partir do ponto de vista educativo, supera e transcende os conteúdos curriculares, permeando as práticas educativas como um todo, numa espécie de enfoque didático multirreferenciado.

5 | Psicologia da aprendizagem

> *O homem é um animal suspenso em redes de significação que ele mesmo tem tecido... Essas redes são a cultura. (Geertz apud Cole, 1999, p. 118)*

APRENDIZAGEM E AMBIENTE

Como já foi apresentado anteriormente, as diversas tradições educativas e seus correspondentes nas práticas incluem diferentes visões, no que se refere ao conhecimento que deve ser ensinado, e derivações metodológicas, a respeito de como ensiná-lo. Essas perspectivas, que ainda coexistem nos sistemas educativos, derivam das grandes tradições na filosofia do conhecimento.

Os aportes da filosofia e a epistemologia têm colaborado na construção de uma visão de mundo menos mecanicista e mais centrada nas inter-relações complexas, avançando para a inclusão da perspectiva qualitativa e para as exposições dos componentes autorreflexivos e emancipatórios da ciência social crítica no estabelecimento de uma racionalidade alternativa. Uma racionalidade que, superando o pensamento instrumental, procura resgatar seu complemento, o pensamento crítico, na busca de uma reflexão valorativa dos fins e valores que permeiam nossas ações. Posições que têm questionado o suposto objetivismo e neutralidade da ciência e o pensamento dicotômico que tem construído um mundo cego e intolerante, de opostos irreconciliáveis.

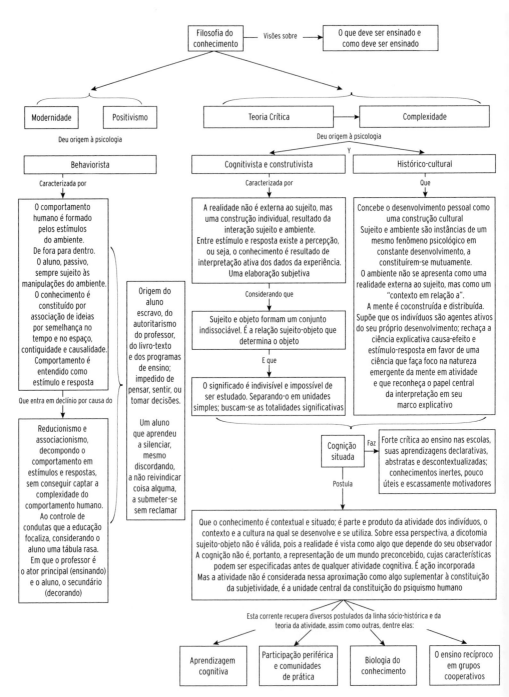

Figura 5.1: Evolução da psicologia do conhecimento do enfoque behaviorista ao histórico cultural.

A psicologia educacional, como produto histórico, também apresenta linhas de pensamento aliadas aos dois extremos do *continuum* epistemológico; por um lado, nutridas pela filosofia aristotélica, que origina o pensamento empirista de Hobbes, Locke e Hume, e a emergência da psicologia do estruturalismo e condutismo que, no século XX, atualiza-se na chamada psicologia neocognitiva apoiada no processamento de informação.

Por outro lado, nutridas pelo pensamento platônico e socrático, que deu origem ao pensamento racionalista de Descartes, Leibniz e Kant, e pelo surgimento do pensamento cognitivo de Fodor e Chomsky, entre outros.

O certo é que a psicologia, desde o cognitivismo e as alternativas derivadas da teoria crítica, transita na mesma direção que o pensamento filosófico e epistemológico, por meio de aprendizagens ativas, significativas, compreensivas e integradoras; ressaltando o importante papel do ambiente nos processos de aprendizagem. A psicologia da aprendizagem foi avançando no sentido de tentar capturar a complexidade dos processos de aprendizagem e dos comportamentos humanos, como base para a posterior elaboração dos pressupostos didático-pedagógicos.

Essas estratégias começam a oferecer alternativas válidas ao condutismo, sobre o qual ainda se fundamenta a denominada pedagogia da resposta, influenciada fortemente pelo pensamento instrumental, sobre a qual foi construída a educação tradicional que serviu de sustentação à formação da racionalidade depredadora dominante.

É muito importante superar a visão simplista e mecânica do processo educativo. A educação é muito mais do que conteúdos e atividades práticas a desenvolver, ou uma somatória de frases de efeito. Como dizem Sacristán e Pérez Gómez (2000, p. 9): "Sem compreender o que se faz, a prática pedagógica é mera reprodução de hábitos existentes" ou modas que não conseguem sequer rasgar a superfície do processo de ensino e aprendizagem, vestindo a tradição educativa de novas roupagens para não mudar.

Assim como na epistemologia, Habermas propunha a complementaridade metodológica como princípio de abordagem da complexidade; na psicologia transitamos no mesmo rumo, tentando superar os simplismos reducionistas: ou–ou; ou Piaget, ou Vygotsky; ou condutismo ou cognitivismo; no reconhecimento de que perante a diversidade de resultados de aprendizagens que a sociedade atual demanda, torna-se impossível considerar que uma teoria ou metodologia possa dar conta de tudo.

A complementaridade abre passo lentamente frente ao reducionismo que a ciência moderna tem instalado. Uma perspectiva que reconhece que o processo educativo é muito mais do que informação e que as formas de organização, os métodos, os espaços e até a distribuição dos tempos, são conteúdos tão importantes como os que constam nos currículos, vistos como seleção de objetivos, ou competências a desenvolver.

Behaviorismo ou enfoque comportamental positivista

> Representantes mais conhecidos do behaviorismo: Pavlov, Watson, Skinner.
> As teorias estímulo-resposta estão inscritas dentro do programa comportamental. O núcleo central é que na base da aprendizagem estão as sensações.

O *behaviorismo* ou enfoque comportamental, que se originou no princípio do século XX e que ainda se encontra vigente nos sistemas educativos, tem-se baseado nas premissas positivistas e cartesianas, considerando que o comportamento humano é formado pelos estímulos do ambiente, ou seja, de fora para dentro, refletindo as posições *empiristas* (o conhecimento é acumulado por simples mecanismos associativos); desse ponto de vista, essa perspectiva de aprendizagem contempla um ser passivo, sempre sujeito às manipulações de seu ambiente (ambientalismo condutista), partilhando as posições evolucionistas de Darwin e do funcionalismo.

> *Empirismo* é um movimento que acredita que a única fonte de conhecimento humano é a experiência adquirida do meio físico, mediada pelos sentidos.
> O sujeito encontra-se, por sua própria natureza, vazio, como uma "tábula rasa", uma folha de papel em branco. "Não há nada no nosso intelecto que não tenha entrado lá através dos nossos sentidos" diz Popper (apud Becker, 1993, p. 56).

O conhecimento, nessa visão de mundo, é constituído por associação de ideias que são estabelecidas por semelhança no tempo e no espaço, contiguidade e causalidade. Esses elementos são associados pelas mesmas leis de contiguidade, formando padrões de conduta.

O comportamento, nesse esquema, pode ser dividido em elementos simples: o estímulo e a resposta, sem necessidade de recorrer a nenhuma mediação entre esses elementos, é a famosa caixa preta de Skinner em que o sujeito, ao ser provocado por um estímulo, dará uma resposta pela qual obterá uma recompensa ou uma punição. Entendendo, desse modo, a aprendizagem de maneira descritiva, como uma mudança na conduta, alcançada por meio da utilização de reforços positivos e negativos.

É uma perspectiva educativa em que os alunos são considerados tábulas rasas e o objetivo básico da educação consiste em *controlar as condutas* das pessoas com métodos de repetição e reforços. Um modelo em que o professor é o ator principal, ele ensina (transmite) e o aluno aprende (decora) a informação recebida. Uma proposta que como alertou Becker (2001),

> O condicionamento operatório de Skinner funciona assim:
> As condutas sobre as quais se aplica um reforço positivo ou recompensa têm grande possibilidade de se repetir.
> Os indivíduos tendem a escapar da dor ou de situações indesejáveis, assim, as condutas nas quais se aplicam reforços negativos ou punições têm possibilidade de se extinguir.

dá origem ao aluno escravo do autoritarismo do professor, preso aos conteúdos do livro didático e aos programas de ensino; impedido de pensar, sentir ou tomar decisões.

Ou seja, estamos falando de uma pedagogia diretiva, em que o sujeito (professor) se impõe sobre o objeto (aluno). O aluno assume uma atitude passiva, fica imóvel, em silêncio, prestando atenção à exposição do professor, tentando não interromper, mesmo tendo dúvidas ou inquietações; o professor assume uma atitude ativa, fará a transferência dos conhecimentos aos alunos. O professor é o sujeito e o centro do processo educativo, é quem dá a aula.

Como diz Becker (2001, p.18),

> o aluno egresso dessa escola será bem-recebido no mercado de trabalho, pois aprendeu a silenciar, mesmo discordando, perante a autoridade do professor, a não reivindicar coisa alguma, a submeter-se e a fazer um mundo de coisas sem sentido, sem reclamar. O produto pedagógico acabado dessa escola é alguém que renunciou ao direito de pensar.

Essa forma de relacionamento entre professor e alunos gera aquilo que Paulo Freire (2003, p. 38) denominou de concepção bancária da educação:

> O educando recebe passivamente os conhecimentos que se depositam. Mas o curioso é que o arquivado é o próprio homem, que perde assim seu poder de criar, se faz menos homem, é uma peça. O destino do homem deve ser criar e transformar o mundo, sendo o sujeito de sua ação.
> O principal método de ensino utilizado consiste na exposição ou demonstração da matéria.

Uma educação que tem como função social adaptar os indivíduos à sociedade. Assim, os conhecimentos, as normas e os valores oriundos da sociedade devem ser transmitidos aos indivíduos para serem, simplesmente, assimilados.

A partir do ano 1950 começou o declínio do enfoque condutista, fundamentalmente pelo seu reducionismo e associacionismo, que também são relacionados ao enfoque positivista da ciência. A filosofia empirista cartesiana orientou a decomposição do comportamento em estímulos e respostas. Essas unidades de análise, tão reduzidas, não têm podido captar a complexidade do comportamento humano e têm ignorado aspectos significativos internos e, talvez, não observáveis; quer dizer, não consideram os processos cognitivos.

O associonismo não é descartado, já que ainda hoje se recorre à associação para dar conta, por exemplo, da incorporação de elementos novos à estrutura cognitiva humana. Até 1970 seu declínio estava marcado, e o cognitivismo surgiu como programa de pesquisa superador do condutismo.

Apesar disso, na denominada educação ambiental persistem posturas de claro caráter condutista ou neocondutista; são aquelas que indicam como pressuposto básico mudar as condutas das pessoas, ou transmitir informação sobre as boas condutas esperadas das pessoas em relação ao lixo, à poluição das águas, entre outras.

Cognitivismo e construtivismo

> Para o construtivismo o conhecimento é sempre uma interação entre a nova informação que se nos apresenta e o que já sabíamos.
> Aprender é um processo que se dá por meio da construção de modelos de interpretação da informação que recebemos.

Durante o século XX, como reação à interpretação condutista da aprendizagem, emergiram diversas abordagens psicológicas que podemos chamar de cognitivistas. O cognitivismo, baseado no outro extremo do *continuum* epistemológico pedagógico, assume um ponto de vista oposto ao empirista, já que, para eles, a realidade não é externa ao sujeito, mas sim uma construção individual, resultado de uma interação entre sujeito e ambiente.

É uma perspectiva na qual se entende que, entre o estímulo que o ambiente fornece e a resposta do indivíduo, encontra-se a percepção, ou seja:

o conhecimento é resultado de uma interpretação ativa dos dados da experiência, por meio de estruturas ou esquemas prévios; é uma elaboração subjetiva que termina na construção de representações organizadas do real e na formação de instrumentos formais de conhecimento. (Sacristán e Pérez Gómez, 2000, p. 35)

Os estudos de invariantes perceptivos e as conservações de Piaget demonstraram, de forma suficientemente clara, que mesmo os mais simples e universais preceitos sobre a realidade são uma elaboração cognitiva. Como Pozo (1996) assinala, o ambiente está longe de ser um simples produto de nossas impressões sensoriais. Assim, os estudos esclarecem até que ponto as categorias fundamentais da realidade não estão nela, mas na nossa mente.

> Piaget, em 1936, demonstrou que os recém-nascidos não acreditam na existência permanente dos objetos, ou que, inclusive têm dificuldades para perceber os objetos colocados em diferentes posições como sendo o mesmo objeto.
> Fonte: Pozo (1996, p. 62).

Essa visão tem um tremendo impacto na educação, já que o mundo agora deixa de ser visto como algo objetivo e passa a ser percebido pelos sentidos e a ser considerado *subjetivo*, ou seja, cada pessoa observa um mundo particular criando representações organizadas do ambiente. O real depende do ponto de vista do observador, havendo tantas realidades como pessoas, dando lugar à aparição de paradoxos ou realidades opostas.

> Koffka: "vemos a coisas não como são, mas como nós somos". Assimilamos as difusas formas do mundo a nossas ideias.
> Fonte: Pozo (1996, p. 179).

Isso significa que, à diferença do condutismo, no qual se considera um sujeito passivo, controlado pelas contingências ambientais, no cognitivismo o sujeito é considerado um ente ativo, que constrói as representações do real a partir das suas interações com o ambiente.

Um sujeito que deixa de ser entendido como uma "tábula rasa", que simplesmente acumula impressões sensoriais por associação, e passa a ser entendido como um processador ativo de informação, de um ponto de vista construtivista, que interpreta e ressignifica continuamente a realidade. Dessa forma, os comportamentos não são regulados pelo meio externo, como postula o condutismo, mas pelas representações que o sujeito constrói.

> Gestalt:
> Max Wertheimer é considerado o fundador da Psicologia da Gestalt e seus dois máximos representantes são Wolfgang Koehler e Kurt Koffka.
> A compreensão parcelada e fracionária da realidade deforma e distorce a significação do conjunto.

O cognitivismo também questionou as análises reducionistas e simplificadoras presentes no condutismo, e de acordo com a Psicologia da *Gestalt*, postulou que o significado é considerado indivisível e impossível de ser estudado, separando-o em unidades simples. As unidades de análise que essa escola esboça são totalidades significativas que constituem uma análise global do conhecimento e da realidade. A aprendizagem se produz não por simples associação de elementos, como postula o condutismo, mas quando se compreende a estrutura total de uma situação.

Uma abordagem que concede uma grande importância ao significado como motor de toda aprendizagem. Assim, a motivação que promove o desejo de aprender é um elemento central do processo educativo.

Koehler realizou trabalhos específicos sobre a aprendizagem súbita ou *insight*. O conceito de *insight*, que poderia ser traduzido como a compreensão repentina ou imediata de um fenômeno, é o que se utiliza nessa teoria para dar conta de que a aprendizagem se produz por reestruturação, mais que por associação, como sustenta o condutismo. A aprendizagem compreensiva é produto do *insight* como reestruturação repentina frente à solução de um problema, vinculada à noção de equilibração de Piaget.

A psicologia cognitiva conta, entre os seus primeiros aportes, com os desenvolvimentos de Jean Piaget e a denominada escola de Genebra. A concepção construtivista do conhecimento, isto é, a que considera que tanto o próprio ser humano como as suas aprendizagens não são produto da herança ou do ambiente, mas que resultam de uma *construção* que se realiza a partir desses elementos. Para Piaget, o conhecimento é resultado da *interação* das capacidades inatas das crianças e a informação que estas recebem do ambiente que as rodeia, assim, o sujeito constrói ativamente a sua forma de conhecer.

> O construtivismo centra a sua atenção no papel mais ativo, participativo, dinâmico e prático dos alunos.
> Essa perspectiva reclama uma interação do sujeito com o seu contexto social, histórico e cultural na construção de conhecimentos.
> Os autores que têm enriquecido o pensamento construtivo são: Herbert Marcuse, Althusser, Gramsci; além das pedagogias ativas de Maria Montessori, Celestin Freinet, entre outros.

> Para Piaget, o conhecimento não é um simples produto do ambiente ou das disposições internas de quem está aprendendo; é uma construção própria, resultado da interação entre esses dois fatores.
> Fonte: Carretero (1993, p. 19).

Jean Piaget distinguiu dois tipos de aprendizagem: no sentido amplo – como o progresso das estruturas cognitivas por processos de equilibração –, e no sentido estrito – como o processo pelo qual se adquire do meio certa informação. O sentido estrito do termo estaria subordinado ao amplo, quer dizer, a aprendizagem de certos conhecimentos depende totalmente do desenvolvimento de estruturas cognitivas. A respeito disso, diz Piaget (1970, apud Pozo, 1989, p. 178): "para apresentar uma noção adequada da aprendizagem há primeiro que explicar como procede o sujeito para construir e inventar, não simplesmente como repetição e cópia".

Pozo (1996, p. 178) resume a postura piagetiana e os seus aportes ao cognitivismo, da seguinte maneira:

> Convém destacar que para Piaget, o processo cognitivo não é consequência da soma de pequenas aprendizagens pontuais, mas que está regida por um processo de equilibração. Desta forma, Piaget se une a uma longa tradição dentro da psicologia (onde estão incluídos autores como Dewey, Freud ou W. James, além da escola da Gestalt) [...] que considera que o comportamento e a aprendizagem humanas devem ser interpretadas em termos de equilíbrio [...] Assim, a aprendizagem seria produzida quando tivesse lugar um desequilíbrio ou um conflito cognitivo [...]. Mas o que é que está em equilíbrio e pode entrar em conflito? No caso de Piaget são dois processos complementares: a assimilação e a acomodação.

> Este processo de construção genética tem a sua explicação na existência de dois momentos complementares que constituem a sua adaptação ao ambiente: a assimilação e a acomodação.
> Assimilação é a atuação do sujeito sobre o objeto que tem incorporado aos seus esquemas de conduta.
> E a acomodação é a ação que o objeto tem sobre o sujeito, ou seja, a influência que o ambiente exerce sobre o indivíduo.

O desenvolvimento cognitivo se dá pela aquisição de estruturas lógicas de um grau de complexidade crescente e sucessivo, e são as que estão na base das situações que o sujeito resolve segundo avança em seu desenvolvimento. São estruturas formalizam as aquisições de noções em cada estudo, isto é, o nível de desenvolvimento cognitivo de cada ser humano determina a quantidade e a qualidade da informação nova que o sujeito pode compreender e, portanto, aprender.

A psicologia cognitiva assume um ponto de vista que questiona fortemente os objetivos do sistema educativo focados na aprendizagem de conteúdos; já que, para eles, sem o desenvolvimento de habilidades intelectuais, estratégias etc., os alunos não conseguem se adaptar de modo eficaz às situações novas e aos contextos mutáveis da realidade.

Como diz Piaget (1973, p. 186):

> O principal objetivo da educação é criar homens que sejam capazes de fazer coisas novas, não simplesmente de repetir o que tem feito outras gerações: homens que sejam criativos, inventivos e descobridores. O segundo objetivo da educação é formar mentes que possam criticar, que possam verificar, e não aceitar tudo o que se lhes ofereça.

Dessa forma, para Piaget, o aluno já não pode ser considerado um mero recipiente que o professor deve rechear de conhecimento; ele busca desenvolver um pensamento racional, mas, ao mesmo tempo, a autonomia moral e intelectual dos alunos, ou seja, o desenvolvimento de um pensamento crítico.

Enfoque histórico-cultural: Vygotsky

Lev Vygotsky, psicólogo russo, veio revolucionar a linha associacionista que seguia a psicologia soviética, com uma proposta inovadora sobre as formas de analisar as relações entre aprendizagem e desenvolvimento.

Na sua teoria, o conceito de mediação define que nos intercâmbios humanos o indivíduo não responde aos estímulos tal como os recebe, mas os modifica ativamente como parte do processo de resposta. Com isso, afasta-se definitivamente da concepção associacionista da aprendizagem.

O enfoque histórico-cultural, também conhecido como sociocultural de Vygotsky, concebe o desenvolvimento pessoal como uma construção cultural, que se realiza por meio de uma determinada cultura mediante a realização de atividades sociais compartilhadas (Álvarez e Del Río, 1990).

Assim, o fundamental desse enfoque consiste em considerar o indivíduo como resultado de um processo histórico e social, em que a linguagem cumpre uma função essencial. Para Vygotsky, o conhecimento é um processo de interação entre o sujeito e o meio, mas o meio entendido social e culturalmente, não só físico, como o considera Piaget.

Vygotsky, baseando-se na *filosofia marxista*, tentou superar o dualismo entre sujeito e objeto das abordagens epistemológicas anteriores. Sujeito e ambiente, para ele, são instâncias de um mesmo fenômeno psicológico em constante desenvolvimento, a constituírem-se mutuamente.

> Como comenta Umberto Cerroni, Marx pretendia superar a separação *objeto* e *sujeito*: o objeto é resultado da atividade do sujeito, da *práxis*.
> "A chave da solução entre sujeito e objeto reside, tal e como indicou Marx, na função da *práxis*, da prática criadora e transformadora".
>
> Fonte: Cerroni (1980, p. 128).

Para Vygotsky,

> o ambiente não se apresenta como uma realidade externa ao sujeito, mas como um 'contexto em relação a' que representa a interação social entre os indivíduos. Em consequência desta compreensão, o ambiente é, antes de tudo, cultural, e se constitui pela ação dos indivíduos. (Vygotsky apud Coimbra Martins, 2001, p. 3)

Vygotsky entende que as pessoas não respondem simplesmente aos estímulos que o ambiente gera, mas atuam sobre eles, transformando-os por meio dos *instrumentos e signos* que se interpõem entre os estímulos e a resposta. Dessa forma, as pessoas não se adaptam passivamente às condições ambientais, mas as modificam ativamente.

> A cultura é uma parte da natureza do indivíduo.

> Do mesmo modo que as ferramentas que medeiam o homem e o seu entorno físico, atuando como próteses, os signos medeiam o indivíduo e o seu entorno social, atuando como extensões.

Dessa maneira, a influência do contexto cultural passa a desempenhar um papel essencial e determinante no desenvolvimento do aluno:

> A cultura forma a mente, que nos dá a ferramenta através da qual construímos não só nossos mundos, mas também nossas próprias concepções de nós mesmos e nossos poderes. (Bruner, 2000, p. 12)

Assim, a psicologia cultural caracteriza-se, segundo Michael Cole, pelos seguintes atributos:

> Sublinha a ação mediada num contexto; insiste na importância do método genético, entendido amplamente para incluir os níveis histórico, ontogenético e microgenético de análise; trata de fundamentar a sua análise em acontecimentos da vida diária; supõe que a mente emerge na atividade mediada conjunta das pessoas. A mente é, pois, em um sentido importante, coconstruída e distribuída. Su-

põe que os indivíduos são agentes ativos do seu próprio desenvolvimento, mas não atuam em contextos inteiramente da sua própria escolha; rechaça a ciência explicativa causa-efeito e estímulo-resposta em favor de uma ciência que faça foco na natureza emergente da mente em atividade e que reconheça o papel central da interpretação em seu marco explicativo; recorre a metodologia das humanidades, das ciências sociais e biológicas. (Cole, 1999, p. 103)

Desse modo, por meio do seu psiquismo o homem é capaz de construir uma imagem de um fenômeno, mas nunca do fenômeno mesmo; uma imagem subjetiva de uma realidade objetiva, e não uma cópia mecânica desta. Um processo engendrado na relação ativa sujeito-natureza.

> **Escola cognitivista norte-americana.**
> Esta escola tem uma concepção de ser humano como processador de informação, baseia-se na analogia entre a mente humana e o funcionamento de um microcomputador.
> A cognição é entendida como a solução de problemas, e aprender significa criar representações do mundo, independente e externo, por meio da assimilação de novas experiências.

Como podemos observar, o ambiente está presente em todas as reflexões relacionadas ao conhecimento, na relação sujeito-objeto e na psicologia da educação; na perspectiva behaviorista, na psicologia de Piaget e no *processamento da informação* o contexto torna-se uma variável independente, que modifica os processos físicos e sociais. Uma linha de pensamento que, segundo LaCasa (1994), podemos categorizar dentro das teorias contextualizadoras.

Por outro lado, nas diferentes linhas de pesquisa derivadas de Vygotsky encontramos outra forma de enxergar essa relação, na qual a construção do conhecimento encontra-se além do indivíduo, afundando as raízes no contexto, numa relação indivíduo-entorno como totalidade reflexiva, podendo ser categorizada dentro das teorias contextuais (LaCasa, 1994).

A cognição situada

A relação entre ambiente e educação remonta à história da educação mesma, podendo ser identificada nas demandas sociais, na ciência, na tecnologia e na concepção de conhecimento, expressa na relação sujeito-objeto. Porém, ambiente e educação encontram-se ainda mais intimamente relacionados; uma relação que penetra fundo na alma do processo educativo, no ensino e na aprendizagem.

Assim, a didática também está sendo ressignificada, em relação aos contextos sociais e institucionais nos quais se produz, reconhecendo que o ensino é uma prática social, que se manifesta em cada contexto social e institucional onde acontece, constituindo uma identidade que lhe configura sentido no contexto sociocultural em que se desenvolve. Isso significa entender o clássico triângulo didático em uma situação, em um contexto social e institucional específico.

O paradigma da *cognição situada*, que representa, no dizer de numerosos pesquisadores, uma das tendências atuais mais representativas da teoria sociocultural; uma abordagem que a diferença das teorias cognitivas considera que o conhecimento não pode ser abstraído das situações nas quais se aprende e aplica.

De acordo com Daniels (2003) essa corrente recupera diversos postulados da linha sócio-histórica e da teoria da atividade, assim como outras, dentre elas: *a aprendizagem cognitiva* (Rogoff, 1993), que reforça o conceito de comunidade de aprendizagem, ressaltando a importância do contexto de relações sociais no desenvolvimento cognitivo. Ela desenvolve o conceito de *participação guiada*, relacionado com o conceito de andaime de Vygotsky, envolvendo a construção de pontes entre o conhecimento prévio e o conhecimento novo; um processo em que professor e aluno realizam a gestão conjunta dos processos de ensino e de aprendizagem, produzindo uma transferência gradual do controle da tarefa aos próprios alunos.

> Bárbara Rogoff concebe o desenvolvimento cognitivo da criança imersa no contexto de relações sociais, os instrumentos e as práticas socioculturais.

> O conceito de participação guiada inclui tanto o papel que desempenha o individuo como o contexto sociocultural. Em lugar de intervir como forças separadas o que interagem, os esforços individuais, a interação social e o contexto cultural estão intrinsecamente enlaçados através de todo o desenvolvimento infantil, até que as crianças chegam a participar plenamente na atividade social. (Rogoff, 1993, p. 43)

Os conceitos de *participação periférica e comunidades de prática* (Lave e Wenger, 1991) definem como um dos elementos mais importantes da participação na comunidade a partilha de significados em relação àquilo que se planeja fazer ou se está fazendo; e o que isso significa para suas vidas e para suas comunidades, dotando a aprendizagem de uma relevância cultural que mobiliza a aprendizagem.

De acordo com Lave e Wenger (1991, p. 98) "uma comunidade de prática é um conjunto de relações entre pessoas, atividades e mundo, ao longo do tempo e em relação com outras comunidades de prática tangenciais e com elementos comuns".

Ou seja, é a comunidade que fornece o suporte interpretativo necessário para dar sentido às coisas, uma construção intersubjetiva, no sentido habermasiano do termo, que acontece em um contexto cultural concreto. Esse princípio epistemológico considera que a estrutura da prática, as relações de poder presentes e a sua legitimidade definem as possibilidades de aprendizagem. Isto é, de "participação legítima periférica", identificando e respeitando as diferenças de cada participante, tanto em relação às expectativas e interesses como à prática realizada, construindo uma sociedade não só tolerante, mas também baseada na diversidade e na cooperação.

> A Biologia do Conhecimento, como o próprio Maturana costuma chamar o conjunto de suas ideias, inutilizou as velhas dualidades: indivíduo x sociedade, natureza x cultura, razão x emoção, objetivo x subjetivo.

> O conhecimento, para os autores, não se limita ao processamento de informações oriundas de um mundo anterior à experiência do observador.
> Aprender não é representar o mundo, pois os mundos são produzidos simultaneamente à experiência de conhecer.

A *Biologia do Conhecimento* (Maturana e Varela, 2001), baseada numa epistemologia que questiona o empirismo, a suposta objetividade da ciência, e até os modelos cognitivistas baseados no *processamento da informação*, supera as velhas dicotomias sujeito-objeto e sociedade-natureza. Para Maturana e Varela, os seres vivos estão intrinsecamente relacionados com o meio que habitam; "vivemos no mundo e por isso fazemos parte dele; vivemos com os outros seres vivos, e, portanto, compartilhamos com eles o processo vital". [...] "Construímos o mundo em que vivemos durante as nossas vidas. Por sua vez, ele também nos constrói ao longo dessa viagem comum" (Maturana e Varela, 2001, p.11).

Um acoplamento estrutural, como eles denominam a profunda relação entre os seres e o meio que habitam, que pode ser entendido como a relação circular entre as mudanças que o meio provoca na estrutura de um organismo e vice-versa. A conduta humana, segundo Maturana e Varela (2001), é resultado do acoplamento estrutural com um contexto cultural específico.

Para Maturana e Varela, todos os sistemas vivos são sistemas cognitivos. A vida é um processo contínuo de aprendizagem; *viver* é aprender, se relacionar, cooperar. Estes autores acreditam que a organização autopoiética é o que diferencia os seres vivos dos não vivos, ou seja, a capacidade de participar de sua própria criação.

> Viver é ação efetiva no existir como ser vivo.

Isso de modo algum significa considerar os seres vivos como separados do seu ambiente; para os autores, autonomia e dependência não são opostos e contraditórios, são complementares, superando o pensamento linear e as dicotomias sujeito-ambiente, sujeito-objeto. "Se a vida é um processo de conhecimento, os seres vivos constroem esse conhecimento não a partir de uma atitude passiva e sim pela interação" (Maturana e Varela, 2001, p. 12).

Isso tampouco significa um ambientalismo determinista, no qual o meio externo provoca as mudanças nos seres vivos. Os autores, por meio do conceito de "clausura operacional" assinalam que quaisquer que sejam as mudanças provocadas pelo acoplamento estrutural de um sujeito com o meio, estas serão sempre geradas a partir de modificações internas, numa relação circular, na qual as causas se retroalimentam com as consequências.

Uma clausura que desmorona os sistemas de ensino que pretendem mudar as condutas dos alunos, transformando-os de fora.

Por outro lado, Maturana resgata uma dimensão perdida, ainda no cognitivismo, os afetos e sentimentos; ele diz que tudo que fazemos, todas nossas condutas, mesmo aquelas que chamamos de racionais, dão-se sob o domínio básico de uma emoção, que ele denomina *amor*.

> Uma emoção, uma disposição corporal que nos possibilita algumas condutas e outras não, e que funda o humano.

> O amor não é um fenômeno biológico eventual nem especial, é um fenômeno biológico cotidiano. Mais que isso, o amor é um fenômeno biológico tão básico e cotidiano no humano, que frequentemente o negamos culturalmente, criando limites na legitimidade da convivência, em função de outras emoções. [...] A emoção que define o que chamamos de relações sociais é o amor, porque as ações que constituem o que chamamos de social são as de aceitação do outro como legítimo outro na convivência. [...] Nem todas as relações humanas são do mesmo tipo.
> (Maturana e Varela, 2002, p. 67)

O ensino recíproco em grupos cooperativos (Palincsar e Brown, 1984) também faz parte deste grupo. O ensino recíproco é uma estratégia de trabalho em grupo, baseado na cooperação, na divisão de tarefas e no diálogo, que leva os alunos a assumirem o papel de professor e a trabalharem juntos para dar sentido a um texto.

Assim, os alunos aprendem a se enriquecer na interação com os outros alunos e a reconhecer e valorizar as diferenças; ao mesmo tempo, por causa da sessão progressiva do controle de aprendizagem do professor, eles desenvolvem capacidades metacognitivas que lhes permitem aprender a aprender.

Segundo Coll et al. (1996), o objetivo dessa proposta é promover a compreensão de textos mediante a aprendizagem de quatro estratégias: formular predições sobre o texto, estabelecer perguntas sobre o que se leu, elucidar possíveis dúvidas ou interpretações incorretas e resumir as ideias do texto. Isso por meio de uma metodologia de alternância, na qual cada grupo é responsável por uma parte do texto.

De acordo com Díaz Barriga (2003), esse movimento também poderia envolver a denominada educação progressista e democrática, o modelo de aprendizagem experiencial, proposto por *John Dewey*.

> Para Dewey, "toda autêntica educação se efetua mediante a experiência".
> Uma situação educativa é resultado da interação entre as condições objetivas do meio social e as características internas do que se aprende, com ênfase em uma educação que desenvolva as capacidades reflexivas, o pensamento, o desejo de seguir aprendendo e os ideais democrático e humanitário.
> Fonte: Dewey (apud Díaz Barriga, 2003, p. 7).

A *Cognição Situada* postula que o conhecimento é contextual e situado, é parte e produto da atividade dos indivíduos, o contexto e a cultura na qual se desenvolve e se utiliza. Sob essa perspectiva as dicotomias sujeito-objeto e sociedade-natureza não são válidas.

A cognição não é, portanto, a representação de um mundo objetivo e preconcebido, que pode ser caracterizado antes de qualquer atividade cognitiva. Ao contrário, "é ação incorporada" (Varela et al., 1991, p. 9). Ou, como diz Maturana (1997, p. 23), o conhecimento humano não é um artefato de armazenamento na memória, nem tampouco uma cópia da realidade, ao contrário, é ação efetiva: "[...] ação que permite um ser vivo continuar sua existência no mundo que ele mesmo traz à tona ao conhecê-lo".

Mas a atividade não é considerada nessa aproximação como algo suplementar à constituição da subjetividade, é a unidade central da constituição do psiquismo humano; segundo Leontiev (1994), a atividade tem como função estabelecer as relações entre o homem e o mundo.

Por conseguinte, para Lozares (2001), a ação ou atividade situada não envolve só uma interação entre sujeitos sociais, mas também uma interação com os artefatos e instrumentos sob as circunstâncias sociais que os envolvem, isto é, o seu contexto.

A relevância cultural que emana das atividades educativas realizadas pelo sujeito em seu ambiente é uma poderosa ferramenta para produzir a motivação necessária para aprender; nesse sentido, concordamos com Habermas na existência de *interesses constitutivos no conhecimento*. Habermas contesta a ideia de que o saber seja produto de um ato intelectual puro e desinteressado. Propõe que o conhecimento é produto de uma mente preocupada pelo cotidiano; sempre com base em interesses configurados pelas condições histórico-sociais, que são desenvolvidas a partir das necessidades naturais.

> Os interesses constitutivos de saberes são de três tipos: "técnico", "prático" e "emancipatório". Estes interesses comportam, por sua vez, três diferentes saberes (instrumental, prático e emancipatório), empregam meios (o trabalho, a linguagem e o poder) e geram diferentes concepções de ciência (empírico-analíticas, hermenêuticas e críticas).

Ou como diz Leontiev (1978, p. 107-8), "a primeira condição de uma atividade é uma necessidade", porém, uma necessidade sem motivo não gera uma atividade, este converte-se assim na gênese da atividade.

O cerne da atividade situada do sujeito envolve ainda uma dimensão fundamental para o desenvolvimento integral do educando: os afetos. Nesse sentido, as emoções para Maturana (1997, p. 92) são consideradas "disposições corporais dinâmicas que especificam, a cada momento, os domínios de ação, nos quais nos movemos". Não há, portanto, ação humana sem uma emoção que a estabeleça como tal e a torne possível como ação. Como afirma Maturana (1997, p. 92) "[...] nada nos ocorre, nada fazemos que não esteja definido como uma ação de um certo tipo por uma emoção que a torna possível".

Assim, a cognição situada critica fortemente o ensino formal, pela sua ênfase descontextualizada e abstrata, resultando em aprendizagens escassamente motivadoras e conhecimentos inertes, pouco úteis e de relevância limitada (Díaz Barriga, 2003).

Segundo a cognição situada, o ensino deve centrar-se em práticas educativas autênticas, identificadas pelo grau de relevância cultural das atividades sociais desenvolvidas; pelas práticas partilhadas e pelo tipo e nível de atividade social que promovem (Derry et al., 1995). Nessa perspectiva, do ponto de vista da organização do ensino, adquirem um caráter relevante a mediação, a interação com adultos e colegas, a negociação de significados, a construção conjunta de saberes e as estratégias que promovem uma aprendizagem metacognitiva, cooperativa, colaborativa e recíproca.

Uma perspectiva que enfatiza a construção de currículos contextualizados na realidade dos estudantes, destacando a utilidade ou funcionalidade do aprendido e a aprendizagem em cenários reais, o que a diferencia dos modelos de instrução descontextualizada, análise colaborativa de casos inventados – ou alheios à realidade dos participantes, instrução com exemplos relevantes, entre outros.

Como vemos, ambiente e educação não podem ser desvinculados, encontram-se profunda e intrinsecamente relacionados numa dialética sócio-histórica situada, envolvendo demandas sociais, instrumentos e signos culturais, visões sobre o conhecimento e a relação sujeito-objeto, o ensino e a aprendizagem; indo muito além da análise de um conteúdo curricular que possamos chamar de ambiental ou ecológico, ou uma somatória de condutas consideradas positivas ou sustentáveis.

O ambiente, nessa perspectiva, inclui também o entorno onde os processos educativos acontecem, dando lugar a um novo olhar sobre a escola em geral, e as salas de aula em particular, como espaços intersubjetivos atravessados pela história e os ambientes mais amplos que as contêm.

A teoria da atividade: Vygotsky, Leontiev, Luria e Davydov

Como corolário das teorias contextuais, LaCasa (1994), reforça a importância da relação indivíduo-entorno como totalidade reflexiva. Nesse contexto é de fundamental importância ressaltar a teoria da atividade de Vygotsky, Leontiev, Luria, Davydov e Engeström, entre outros.

Segundo Davydov (1988), a atividade representa a ação humana que media a relação entre o homem, sujeito da atividade, e os objetos da realidade, configurando a natureza humana. Nessa perspectiva, o desenvolvimento dos processos psicológicos superiores tem sua origem nas relações sociais que o indivíduo estabelece com o mundo exterior, ou seja, com seu contexto social, cultural e natural.

Vygotsky utilizou o conceito de atividade e sugeriu que a *atividade socialmente significativa* é o princípio explicativo da consciência, a qual é

> As pessoas distinguem a realidade objetiva de sua representação subjetiva. A essa diferenciação chamamos de consciência.

construída de fora para dentro por meio das relações sociais (Kozulin, 2002). Somente por meio da atividade é que as pessoas podem se apropriar do ambiente cultural ao qual pertencem.

Para Vygotsky, como já mencionamos, a relação entre sujeito e ambiente nunca é direta, como postulam os condutistas, para ele esta relação encontra-se mediada por fatores culturais, ferramentas e signos, que criam e recriam a realidade, constituindo assim o seu reflexo psíquico. Dessa forma, a ação humana sempre possui uma estrutura triangular (Figura 5.2).

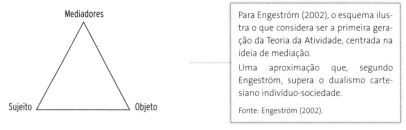

Figura 5.2: Primeira geração da Teoria da Atividade.

Leontiev, baseado nesses conceitos, foi quem na verdade sistematizou o conceito de atividade, fundando a Teoria Psicológica da Atividade.

> No processo da relação ativa do sujeito com o objeto, a atividade se concretiza por meio de ações, operações e tarefas, suscitada por necessidades e motivos.

Um conceito que se assume como princípio explicativo dos processos psicológicos superiores, as formas de pensar e até de imaginar o mundo (Figura 5.3).

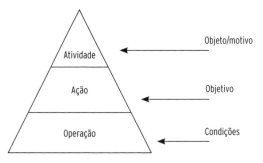

Figura 5.3: Estrutura hierárquica da atividade segundo Leontiev.

A estrutura da atividade, para Leontiev (1975), sempre se origina numa necessidade, que é satisfeita por meio de um objeto que se ajusta a ela. O motivo, que emerge dessa relação é que direciona a atividade; e esta, é quem define o tipo de ações individuais e as características das operações necessárias para cumprir com os seus objetivos. Isso nos leva a considerar a motivação como fonte e princípio de ação pedagógica. Motivação que se relaciona profundamente com a relevância cultural que a atividade possui para os alunos, no contexto concreto da sua vida.

A teoria da atividade, na sua segunda geração, segundo Engeström (2002), retoma o triângulo básico da mediação de Vygotsky, (sujeito, mediadores e objetos); e as categorias conceituais introduzidas por Leontiev (atividade, ação e operação), conceitualizando a atividade como sistema, incluindo como mediadores entre sujeito e objeto, a comunidade, a divisão do trabalho e as regras necessárias para obter os resultados esperados com a atividade (Figura 5.4).

> O **sujeito** refere-se ao indivíduo ou subgrupo de pessoas engajado na atividade.
>
> O **objeto** é o que distingue cada atividade. Ele representa a intenção que motiva a atividade e indica a direção, podendo ser transformado no curso desta.
>
> Os **mediadores** são elementos que medeiam a ação dos sujeitos sobre os objetos, podendo ser instrumentos, como microcomputadores ou semióticas, linguagem, signo.
>
> A **comunidade** refere-se àqueles que compartilham o mesmo objeto de atividade.
>
> A **divisão de trabalho** define como os sujeitos agem sobre o objeto, indicando a divisão das funções e tarefas entre os membros individuais ou grupos dentro da comunidade.
>
> As **regras** referem-se às normas e padrões que regulam a atividade, mediando a relação entre o sujeito e a comunidade.
>
> Fonte: Engeström (2002, p. 184).

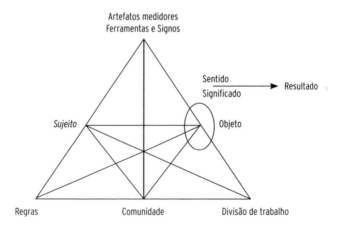

Figura 5.4: Segunda geração da Teoria da Atividade.

Fonte: Engeström (1987).

Dessa forma, a atividade possibilita a construção de uma perspectiva interdisciplinar, articulando simultaneamente as dimensões afetiva, valorativa, intelectual, individual e social; com foco no resultado e no processo, considerando tanto o sentido como a significação; dimensões que formam parte da complexidade do processo de ensino e aprendizagem. Uma aproximação *dinâmica* que possibilita a análise das diversas contradições que emergem na prática cotidiana, iluminando o currículo oculto e possibilitando a busca de coerência pedagógica e didática nas práticas educativas.

> As contradições internas à atividade são centrais ao raciocínio dialético e direcionam a mudança.
> Fonte: Roth (2004).
>
> São entendidas como força motriz da sociedade, a qual impulsiona as mudanças e o desenvolvimento.
> Fonte: Engeström (2002).
>
> Permitem o desenvolvimento não só do sujeito, mas também do ambiente, que se realiza por meio da atividade do sujeito.

Um processo interdisciplinar que privilegia as interações sujeito-ambiente-conhecimento, professor-aluno, aluno-aluno, professor-professor, professor-família, gestores-professores, gestores-alunos, gestores-pais, escola e comunidade; construindo, assim, um ambiente escolar dinâmico, flexível e relevante para os participantes da experiência educativa. Destacando a importância da dinâmica nas interações sociocognitivas entre alunos que realizam juntos uma determinada tarefa.

Assim, a interdisciplinaridade resgata a importância do outro na relação de aprendizagem, já que é a partir da troca mútua que se constrói e reconstrói o conhecimento na comunidade de aprendizagem. Isso considerando a postura de Bakhtin, o qual, segundo Daniels (2003), ressalta a importância do conflito, da diferença e do mal-entendido existentes no diálogo como geradores das contradições que provocam o desenvolvimento.

> A Zona de Desenvolvimento Proximal de Vygotsky é um espaço e um nexo de influências sociais, culturais e históricas, onde o aprendiz é levado a conhecer e conflitar com o "outro".

Um processo que acontece no marco de regras de convivência que ressaltam a importância das diferenças, da tolerância, do diálogo; um processo eminentemente reflexivo e dialógico; promovendo um processo de atividade que, segundo Davydov (1988), colaborará na construção de "modos de ação generalizados", possibilitando ao aluno regular os seus próprios esquemas cognitivos, isto é, aprender a aprender.

Forma e conteúdo são considerados duas instâncias de um mesmo fenômeno, assim, as formas (métodos) assumidas na apropriação da cultura não só determinam a representação social do mundo, como também criam instrumentos cognitivos e formas de pensar.

A terceira geração da teoria da atividade, "como proposta por Engeström, pretende desenvolver ferramentas conceituais para compreender os diálogos, as múltiplas perspectivas e redes dos sistemas de atividade interativa" (Daniels, 2003, p. 121). O que a diferencia das anteriores é que esta geração considera a relação entre os objetos de pelo menos duas das atividades num sistema, dando origem a um terceiro objeto comum a elas, como pode ser verificado na Figura 5.5.

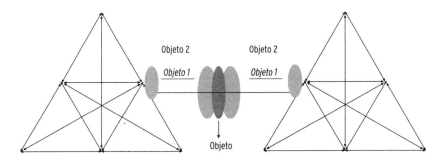

Figura 5.5: Modelo da Teoria da Atividade de terceira geração.
Fonte: Daniels (2003, p. 121)

Esse modelo possibilita avançar mais um passo no sentido de capturar a complexidade das salas de aula e das escolas; e ainda a abordagem dos diversos sistemas de atividade que existem dentro e fora da educação formal, avançando na análise da transetorialidade dos sistemas de aprendizagem. Um modelo que possibilita estudar os processos de aprendizagem interorganizacionais, capturando tensões e contradições que se produzem intra e inter sistemas de atividade.

Para Engeström, a teoria da atividade é a base teórica para a análise da aprendizagem inovadora porque:

> *a) é contextual e está orientada para a compreensão de práticas locais historicamente específicas, seus objetos, seus artefatos mediadores e a sua organização social; b) está baseada numa teoria dialética do conhecimento e do pensamento, centrada no potencial criativo da cognição humana; c) é uma teoria do desenvolvimento que intenta explicar as mudanças qualitativas que se dão com o tempo nas práticas humanas e influenciar nelas.* (Engeström, 1999 apud Daniels, 2003, p. 133)

PARTE 3

Ambientalizando a educação

6 | Pedagogia e didática ambiental

> *Forma e conteúdo são dois espelhos um na frente do outro, que para não provocar perplexidade no observador devem refletir as duas caras da mesma imagem. (Pozo, 1989, p. 31)*

PEDAGOGIA CRÍTICA E PRÁXIS AMBIENTAL

Como observamos, os aportes da epistemologia avançam para a inclusão da perspectiva qualitativa e complexa, e para as exposições dos componentes autorreflexivos e emancipatórios da ciência social crítica no estabelecimento de uma racionalidade alternativa.

Uma racionalidade que incorpora o sujeito e seus preconceitos, e rechaça a ideia de neutralidade do conhecimento; que resgata o outro e a comunidade na construção do consenso intersubjetivo; que concebe o conhecimento como uma construção interpretativa, contextual e histórica, como um processo inacabado, um permanente "sendo"; que aceita a complementaridade metodológica como abordagem para alcançar a compreensão do complexo mundo que habitamos.

Os avanços da psicologia educacional, desde o cognitivismo, o construtivismo, o enfoque histórico cultural, a cognição situada e a psicologia geral da atividade, transitam, igualmente, na busca de uma aprendizagem ativa,

Educação e meio ambiente

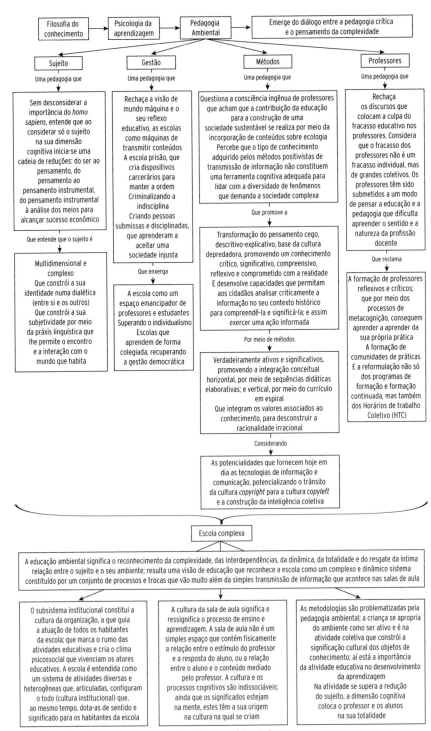

Figura 6.1: Características da pedagogia ambiental.

significativa, compreensiva, integradora, dialógica e interativa; ressaltando o rol do outro e do contexto social, cultural e natural, nos processos de aprendizagem.

A pedagogia ambiental transita na busca de métodos para compreender a complexidade dos processos de ensino-aprendizagem e na superação dos simplismos reducionistas ou-ou, na busca de modelos interdisciplinares e de complementaridade, destacando a multidimensionalidade e multirreferencialidade dos processos sociocognitivos. Uma complexidade que invade todas as dimensões e áreas de estudo, chegando até as palavras, ilustrando a dinâmica existente entre *o sentido e o significado*.

> O sentido é, segundo Vygotsky, o "agregado de todos os fatores psicológicos que emergem da nossa consciência em relação à palavra.
> O significado é apenas uma dessas zonas de sentido que a palavra adquire no contexto da fala."
> Fonte: Vygotsky (1987, apud Daniels, 2003, p. 275-6).

Essas estratégias começam a oferecer alternativas válidas às exposições condutistas e neocognitivistas, baseadas no modelo computacional, que deram origem à denominada Pedagogia da Resposta, base da educação tradicional que serviu de sustentação à formação da racionalidade depredadora dominante. Uma perspectiva que domina amplamente a prática educativa em todos os níveis do sistema educativo.

Um estilo educativo comandado por estruturas verticais de poder, concentrando as decisões na figura de uma pessoa ou, no melhor dos casos, em um pequeno grupo; em que prevalece a valorização da ordem sobre tudo; a erradicação da autocrítica e da análise de problemas; um nível muito grande de improvisação pedagógica e didática, e a caracterização dos projetos político-pedagógicos não como planejamentos que possibilitem guiar a prática educativa, mas como documentos burocráticos que indicam aspirações gerais.

Que, sistematicamente, tem negado o tratamento das características psicossociais dos alunos e de seus problemas de vida, insistindo fortemente que o papel dos professores é o de ensinar e "não resolver problemas pessoais", como costumam dizer alguns professores.

Caracterizado por uma constante adoração do conteúdo, como meio e fim da escola, com o objetivo de promover competências e habilidades para inserir as pessoas no mercado de trabalho; e por um medo terrível da avaliação institucional, ocultando os problemas reais e os conflitos potenciais e latentes da organização escolar; erradicando do ensino as formas de pensar, o afeto e os valores associados aos conhecimentos apreendidos.

A pedagogia, nutrida dos aportes da antropologia, da filosofia e epistemologia, da sociologia, da psicologia, da biologia e da ecologia, das teorias críticas e do pensamento da complexidade, começa a produzir o que poderíamos denominar uma pré-ambientalização educativa, um estilo pedagógico em que a interrogação adquire uma importância fundamental; uma pedagogia da pergunta, que problematiza a realidade e as representações sociais que forjam os padrões culturais, buscando a sua transformação. A partir daqui se produz um giro para a concepção da didática como teoria da prática do ensino. É nesse contexto que se perfila a teoria crítica do ensino, a aprendizagem significativa, a metacognição e as abordagens ecológicas sobre o funcionamento da sala de aula.

Uma pedagogia que supera a visão de escola como um simples prédio que alberga salas, em que os professores transmitem conteúdos aos seus alunos, para posteriormente realizar uma avaliação de desempenho em relação ao grau de retenção alcançado. E que transcende a visão da caixa preta, e os simplismos reducionistas de muitos que acham que a única coisa importante na educação são os conteúdos, podendo-se prescindir de todo o resto.

Já havia assinalado (Vygotsky, 1987, apud Daniels, 2003, p. 74) que o ensino direto de conceitos prontos para serem empacotados pelos alunos é impossível e pedagogicamente improdutivo.

> O professor que tenta usar essa abordagem não alcança mais do que um aprendizado estúpido de palavras, um verbalismo vazio que estimula ou imita a presença de conceitos na criança. Nessas condições, a criança aprende não o conceito mas a palavra, que ele capta pela memória, não pelo pensamento.

Isso reflete a *crise educativa* do momento e o esgotamento dos modelos pedagógicos centrados no conteúdo a ser transmitido; assim, alcançamos a triste realidade de alunos que, depois de 10 anos de educação formal, não conseguem

---

A educação atravessa uma grave situação no continente, tanto do ponto de vista quantitativo, relativo à escassa expansão da matrícula, à população que não tem acesso à educação ou faz parte do contingente que foi abandonado e expulso pela escola; como qualitativo, que diz respeito ao fracasso da escola em seus objetivos mais elementares, ensinar a ler e escrever, a compreender o que se lê, a realizar cálculos simples; sem falar do fracasso na formação de cidadãos responsáveis, participativos e críticos.

entender o que leem, ou transferir para outras dimensões da sua vida algum conhecimento apreendido na escola.

Alunos que não aprenderam a pensar, que não desenvolveram uma ética de vida e cidadania e que utilizam os conhecimentos técnicos apreendidos na busca de vantagens pessoais de curto prazo; pessoas que foram ensinadas a não se meter em nada, a não se comprometer, a não se responsabilizar, e que acabaram por se desumanizar. Esses são os frutos de uma escola com professores e alunos autômatos, que, em muitos casos, já nem compreendem o que fazem ou por que o fazem, e seguem as diretrizes das diretorias escolares, das diretorias de ensino e das Secretarias de Educação e seus caprichos conjunturais.

PEDAGOGIA AMBIENTAL

A pedagogia, como ciência da educação, possui um caráter inter, multi e transdisciplinar, isso tem possibilitado que, ao longo da história, tenha-se construído uma visão educativa cada vez mais complexa da educação, em geral, e da escola e os processos de ensino-aprendizagem, em particular. Uma visão construída a partir do diálogo entre diferentes olhares: antropológicos, sociológicos, biológicos, ecológicos, psicológicos, epistemológicos, filosóficos, políticos, econômicos, organizacionais, didáticos, entre outros.

A pedagogia ambiental emerge desse diálogo, tentando significar a relação pedagógica como mediadora da relação do homem com a natureza, consigo mesmo e com os outros homens.

Uma pedagogia nascida da articulação entre a teórica crítica, o pensamento da complexidade e as teorias mediacionais (cognitivismo, construtivismo, sócio-históricas, cognição situada); como resposta às posturas positivistas em educação centradas na racionalidade, na objetividade e na cientificidade.

Trata-se de uma pedagogia que rechaça os reducionismos e as simplificações do processo educativo; assim como o destaque posto no caráter instrumental do conhecimento escolar, como única forma de conhecimento. Uma pedagogia que se situa e contextualiza, reconhecendo a importância da profunda relação entre sujeito e meio, indivíduo e coletivo, corpo e mente, ciência e filosofia, natureza e cultura, escola e comunidade; superando a visão dicotômica instaurada pelo pensamento moderno.

Uma pedagogia que, sem desconsiderar a importância do *homo sapiens*, entende que, ao só considerar o sujeito na sua dimensão cognitiva, inicia-se uma cadeia de reduções: do ser ao pensamento, do pensamento ao pensamento instrumental, do pensamento instrumental à análise dos meios para alcançar sucesso econômico, do sucesso econômico ao consumo.

Falamos de uma pedagogia que tenta recuperar, em plenitude, o sujeito esquecido pelo pensamento científico ocidental; um sujeito vivo, ativo, afetivo e autorreflexivo; um sujeito que não só constrói o seu mundo, mas também a ele mesmo por meio da sua práxis. Um sujeito que se constitui como tal, em sociedade e na sociedade, na cultura e no ambiente natural que habita; e por meio da linguagem e das ferramentas e instrumentos à disposição na sua cultura, valorizando o outro e o diálogo.

> Para Morin (1998b), o conceito de sujeito humano é um conceito de dupla entrada: por um lado, o sujeito está enraizado no cosmos físico e emerge do mundo vivo da natureza, é um ser biológico.
>
> Por outro, o sujeito se constitui e organiza como tal "em" e "pela" cultura, e "em" e por meio da linguagem, é um ser cultural. Assim, o ser humano é um ser biocultural, totalmente biológico e totalmente cultural.

Que reconhece um *sujeito* multidimensional, formado por dimensões físicas, biológicas, culturais, linguísticas, simbólicas, afetivas, espirituais; um sujeito complexo, que como coloca Ricoeur (1996) constrói a sua identidade numa dialética entre si mesmo e os outros, resgatando a alteridade (Bakhtin) que quebra a perspectiva do eu egoísta e individualista (Habermas) do positivismo e da sociedade neoliberal; uma perspectiva que avança na busca do outro, ressaltando a importância das dinâmicas sociais, do diálogo e da comunidade na construção da identidade.

Um sujeito que constrói a sua subjetividade por meio da práxis linguística que lhe permite o encontro e a interação com o mundo que habita. Isso ressalta a importância dos métodos ativos, construtivos, dialógicos e interativos; e os modelos de gestão escolar democráticos e interculturais.

> Foucault, em *Vigiar e Punir*, aborda e descreve a natureza dessa nova lógica da escola "moderna" que nasce a partir do processo de sofisticação da disciplina que implica submissões tanto do corpo como dos saberes, deixando próximas as instituições educativas das prisões, criando rituais de espaços, tempos, permissões, restrições, silêncios e divisões.

Uma pedagogia que rechaça a visão de mundo máquina, e o seu reflexo educativo, as escolas como máquinas de transmitir conteúdos; um tecnicismo causalista que afogou professores e alunos em rituais, sob o império da ordem e falsos critérios de eficácia e eficiência.

A *escola prisão* que, como diz Foucault (1977), gera dispositivos carcerários para que a ordem criada se mantenha e perdure; assim, se utiliza dos mecanismos de vigilância e punição, hoje exacerbados ao máximo com a chegada da tecnologia, com câmeras que controlam os movimentos dos alunos, para combater os desvios e as transgressões, ou seja, combater a diferença, a diversidade, a curiosidade, a construção, a espontaneidade, o diálogo, a criatividade e, sobretudo, o conflito; tentando massificar todos, professores, alunos e pais, por igual, num molde único e imposto.

O resultado desse processo pode ser observado nos jornais, por meio da ação de equipes pedagógicas que têm convertido os conflitos escolares em casos policiais, *criminalizando a indisciplina*, chegando ao extremo do despreparo com a detenção de uma criança de 7 anos na delegacia, por causa de uma briga com uma aluna. Uma pedagogia que perdeu o seu rumo e já não sabe lidar com a crescente complexidade e conflituosidade do mundo moderno.

> "Uma menina de 7 anos foi levada para a delegacia, em um carro da Polícia Militar, na quarta-feira (14) em Campinas, a 93 km de São Paulo, depois de brigar na escola. Segundo dirigentes do estabelecimento onde ela estuda, a criança teria agredido professoras e policiais.
> Tudo teria começado após uma briga entre duas alunas, por causa de um doce, na sala de aula da escola estadual Doutor Disnei Francisco Scornaienchi. A Ronda Escolar da Polícia Militar foi chamada pela diretoria da escola.
> Segundo informações do boletim de ocorrência, 'a menina estava descontrolada e tentou as agressões.'"
>
> Fonte: Folha de S. Paulo (2009).

É uma escola que responde às demandas da democracia neoliberal, em que o cidadão assiste, mas não participa; uma escola que tenta criar uma legião de pessoas submissas e disciplinadas; cidadãos que aprenderam a aceitar as características de uma sociedade injusta e discriminatória; que aprenderam a aceitar como naturais e legítimas as diferenças, e a ascensão social como produto da competitividade e do esforço individual, em detrimento da solidariedade e da justiça social.

A pedagogia ambiental questiona a escola prisão e enxerga a escola como um espaço emancipador de professores, estudantes e comunidades; provocando a autorreflexão crítica da sociedade, da escola, dos conteúdos, métodos e processos que nela se desenvolvem; uma escola que aprende da sua própria prática. Uma escola que promove a sua própria transformação e a transformação da realidade vivida pelos seus membros; e que entende as relações entre professores e alunos a partir de uma perspectiva mais horizontal, em que os professores e alunos exercem um papel ativo, como sujeitos da sua própria formação.

> Uma escola diretiva, em que o professor é o dono do planejamento, organização e da distribuição das atividades de sala de aula, sem a participação dos colegas da escola, alunos ou pais.
> O diretor é o dono do planejamento político escolar, sem participação dos professores, alunos e pais.
> E os ministérios e secretarias de educação estaduais e municipais são os donos do planejamento curricular, sem participação de professores, diretores, pais e alunos.

Para isso é necessário mudar a *lógica individualista e diretiva* da escola tradicional – que continua focada na aplicação de técnicas de transferência de informação e do controle social –, nas quais o trabalho do professor, o planejamento e a sua especialização e formação são individuais. Estabelece buscar a implementação de uma pedagogia que recupera a importância da comunidade de práticas, das trocas, do planejamento colaborativo, da gestão genuinamente democrática, do diálogo e da solidariedade; perspectivas que promovem a reflexão sobre a prática; ou seja, uma comunidade que fornece o suporte conceitual e interpretativo necessário para dar sentido à vida escolar.

> Temos de considerar que a aprendizagem organizacional de nenhum modo pode ser a soma cumulativa das aprendizagens individuais, temos de formar densas redes de colaboração e projetos compartilhados entre seus membros; de outro modo, a reflexão coletiva, o intercâmbio de experiências e ideias nunca ocorrerá.

Assim, estaríamos falando de escolas que aprendem (Senge), organizações em que as pessoas aprendem de *forma colegiada*, da experiência passada e presente, que corrigem erros, resolvem problemas de modo criativo, participativo e dialógico. Escolas consideradas como produtos vivos e inacabados, num processo permanente de construção e reconstrução; um "permanente sendo" (Gadamer), como resultado das interpretações, das trocas, dos conflitos, dos sonhos dos participantes e dos desafios que os contextos sociais, ambientais e culturais apresentam em cada momento histórico.

Estamos em busca de uma organização escolar que supere a hipocrisia e as enormes distâncias entre os discursos educativos, o que se diz; e as práticas desenvolvidas, o que se faz. Os documentos oficiais pronunciam muitas coisas bonitas que a própria organização do sistema educativo, em geral, e da escola, em particular, se encarregam de impossibilitar. Torna-se necessário iniciar um movimento que recupere a busca de coerência entre discurso e prática.

Formar uma escola em tempo presente e não futuro, que não busque a preparação dos alunos para o futuro exercício da cidadania; mas envolva-os em uma cultura democrática que os faça vivenciar a cidadania todos os dias; em que se aprenda a participar, a ter voz e a respeitar a voz dos outros; em que se aprenda a dialogar e argumentar, a escolher e a se responsabilizar, a dirimir conflitos por meio do diálogo e não da violência; a ganhar e a perder; a negociar; a trabalhar como grupo; e a se organizar para alcançar objetivos consensuais.

A gestão escolar deve superar a gestão autoritária, herdada do modelo positivista, que, apesar de promover no discurso a democracia escolar, tem um modelo político de gestão que é diretivo, pautado na figura de um diretor escolhido fora da escola e sem a participação desta; uma figura que perdeu a sua função pedagógica e que se aproxima da gestão gerencial da economia de mercado, e de sua ânsia de controle, em que o eixo central da escola se desloca da pedagogia para a administração e a eterna busca de ordem.

A pedagogia ambiental retoma a *gestão democrática* e a busca de coerência entre as diversas partes que compõem o centro educativo; assim, reclama a mudança do atual modelo de gestão diretivo, trocando a figura do diretor pela figura de um conselho, que mais que mandar, controlar e impor a sua visão de mundo, articula os diversos atores no debate e gestão do centro educativo, na busca constante pela identidade.

> Existem experiências municipais de sucesso, com a implantação de modelos de gestão colegiados.
> Um "modelo de administração coletiva, em que todos participam dos processos decisórios e do acompanhamento, execução e avaliação das ações nas unidades escolares, envolvendo questões administrativas, financeiras e pedagógicas".
> Fonte: Abranches (2003, p. 54).

Procura, ainda, implantar uma pedagogia que, ciente das demandas constantes de aprendizagem que emanam da sociedade do conhecimento e da gravidade da problemática socioambiental; das limitações do pensamento instrumental e do conhecimento entendido como simples acúmulo de informação; do esvaziamento afetivo, moral e ético da educação escolar, da perda da motivação para ensinar e aprender; potencializa a construção de métodos que não se limitam a transmitir os conhecimentos já acabados das ciências objetivas, como verdades inquestionáveis, uniformes, homogêneas e eternas que devem promover mudanças nas condutas.

Uma pedagogia que questiona, com ênfase, a relação direta entre estímulo e resposta, entre informação e conduta, como se por um passe de mágica a informação fosse a chave da transformação cultural.

Uma pedagogia que questiona a consciência ingênua de professores e movimentos sociais que entendem que a contribuição da educação para a construção de uma sociedade sustentável, justa e equitativa, se realiza por meio da incorporação de conteúdos adequados com os objetivos propostos; que simplificam e reduzem a educação ao conteúdo, e os métodos à busca dos meios mais eficazes e eficientes para a sua transmissão.

Uma escola que não percebe que o tipo de conhecimento adquirido pelos métodos positivistas de *transmissão de informação e de memorização* (Davydov apud Libâneo, 2004) não constitui ferramenta cognitiva adequada para lidar com a diversidade de fenômenos que a sociedade da informação e do conhecimento demanda. São apenas métodos que fortalecem o pensamento empírico, dicotômico, descritivo, simplificador e classificatório. Estilos que também têm-se demonstrado incapazes de formar pessoas que possam compreender os desafios socioambientais do presente e de se comprometer, como indivíduos e como cidadãos, na defesa do ambiente e da qualidade de vida.

> Segundo Vygotsky (1987), este modo de conhecimento escolástico, puramente verbalista, não possibilita a construção de um conhecimento significativo.

Acontece que muitos professores ainda não compreenderam que o ensino propicia a apropriação da cultura e, ao mesmo tempo, o desenvolvimento do pensamento. São dois processos que se encontram articulados entre si, formando uma unidade, como Davydov diz:

> Os conhecimentos de um indivíduo e suas ações mentais (abstração, generalização etc.) formam uma unidade. Segundo Rubinstein, "os conhecimentos [...] não surgem dissociados da atividade cognitiva do sujeito e não existem sem referência a ele". Portanto, é legítimo considerar o conhecimento, de um lado, como o resultado das ações mentais que implicitamente abrangem o conhecimento e, de outro, como um processo pelo qual podemos obter esse resultado no qual se expressa o funcionamento das ações mentais. Consequentemente, é totalmente aceitável usar o termo "conhecimento" para designar tanto o resultado do pensamento (o reflexo da realidade), quanto o processo pelo qual se obtém esse resultado (ou seja, as ações mentais). "Todo conceito científico é, simultaneamente, uma construção do pensamento e um reflexo do ser". Deste ponto de vista, um conceito é, ao mesmo tempo, um reflexo do ser e um procedimento da operação mental. (Davydov, 1988, p. 21)

Assim, não podemos separar *forma e conteúdo*, como também assinala Pozo (1996), porque eles são as duas caras da mesma moeda.

Não podemos simplesmente incorporar novos conhecimentos que ensinem às pessoas comportamentos social ou ambientalmente corretos, mas possibilitar a sua construção e reconstrução por meio de métodos que potencializem estilos de pensamento, atitudes e valores associados a eles, sem situá-los na vida das pessoas para engatar o principal motor do processo de aprendizagem, a motivação intrínseca ou desejo de aprender.

Desse ponto de vista, a pedagogia ambiental elabora aproximações que tentam transformar o pensamento cego (Morin), descritivo-explicativo, sobre o qual tem-se erigido a cultura depredadora que origina a crise socioambiental do presente, promovendo a construção de um *conhecimento crítico, significativo, compreensivo, reflexivo e comprometido com a realidade*; um estilo de conhecimento e de pensamento que supera a aprendizagem memorística e repetitiva dos enfoques condutistas.

> "Forma e conteúdo são na aprendizagem dois espelhos, um na frente do outro, que para não provocar perplexidade no observador devem refletir as duas caras da mesma imagem. [...] Se o que tem que ser aprendido evolui, e ninguém duvida de que evolui, e cada vez a maior velocidade, a forma em que tem que se aprender e ensinar também deve evoluir, e isto não acontece com a mesma facilidade, com o que o espelho reflete uma imagem estranha, fantasmal, um tanto deteriorada da aprendizagem."
>
> Fonte: Pozo (1996, p. 31).

> Aos trabalhos de Vygotsky e Bruner são somados os desenvolvidos por David Ausubel. Ele, junto com Joseph Novak, o criador dos "mapas conceituais", trabalhou no que representa um lúcido descenso à sala de aula das exposições psicológicas, desenvolvendo a noção de aprendizagem significativa, em que é privilegiada a compreensão, em contraposição à memorização e à repetição, característica dos enfoques condutistas em educação.
>
> Fonte: Luzzi (2001b).

Para aclarar essa posição, a partir da didática, diremos que quando o docente apresenta nova informação ao aluno, esta adquire real significado quando o aluno pode relacioná-la com seus conhecimentos anteriores, quando pode incluí-la na estrutura de conhecimento que já possui. Em definitiva, aprendemos em base a o que já conhecemos, a o que já temos na nossa estrutura cognitiva (Ausubel, 1980).

Para isso, uma das condições que o conteúdo deve reunir é que tenha significado em si mesmo, ou seja, que as suas partes estejam coerentemente integradas, além de uma mera relação associativa; e que, ao mesmo tempo, tenha sentido para as pessoas que vão apreendê-lo, sentido para as suas vidas, constituindo-se na motivação necessária para iniciar o processo de ensino e aprendizagem.

Para possibilitar a aprendizagem significativa nas escolas, retornamos a Bruner, quando ele diz que nada está livre da cultura. No entanto, isso não significa, de modo algum, que os indivíduos são simples espelhos dela, estes a reconstroem; por isso, o docente que busca realmente construir aprendizagens significativas tem de conhecer a *cultura dos seus alunos*, ainda que não a partilhe.

> "Se eu tivesse que reduzir toda a Psicologia da Educação a um único princípio, eu formularia este: de todos os fatores que influenciam a aprendizagem, o mais importante consiste no que o aluno já sabe. Investigue-se isso e ensine ao aluno de uma forma consequente".
> Fonte: Ausubel (1980, p. 59).

J. I. Pozo escreve a respeito da distinção entre a aprendizagem de memorização e a significativa que Ausubel faz:

> É evidente que, ao estabelecer esta distinção, similar a que fizeram os autores da Gestalt, Piaget ou Vygotsky, Ausubel está destacando que a aprendizagem de estruturas conceituais implica uma *compreensão* destas e que essa compreensão não pode ser alcançada somente por procedimentos associativos (ou memorização). (Pozo, 1989, p. 212)

> Entendemos que também a compreensão não pode ser alcançada com ações isoladas, por mais bonitinhas que estas sejam.

Nesse sentido, a pedagogia ambiental rechaça os conteúdos fragmentários, dispersos, confusos, irrelevantes e sem nexo que se tentam transmitir na escola; e questiona o abandono do planejamento educativo, da didática geral e do surgimento do império da improvisação.

Essa pedagogia reclama a emergência de um planejamento integrado, não só no interior das disciplinas, promovendo aprendizagens significativas; mas também entre as diversas disciplinas que compõem o currículo. Um planejamento construído entre os diversos professores que compõem o corpo docente, articulando os diversos planos didáticos num todo, de forma que dê coerência, sentido e identidade ao trabalho escolar.

Desse modo, um curso não pode ser entendido como tal se é apresentado como um simples "amontoado" de ideias ou um conjunto de conteúdos, tópicos e ações fragmentadas. Deve ter uma "significatividade lógica", ou seja, um fio condutor, um roteiro de apresentação, uma narrativa.

Só dessa forma é possível superar o conhecimento descritivo-explicativo, avançando na construção de um conhecimento compreensivo, que parte de uma visão complexa do real, como salienta Morin (2000), que "tece e entretece em conjunto" na busca das interconexões, das inter-relações. Só assim se conseguirá construir um diálogo profundo tentando dissipar a interdefinibilidade existente entre as partes e o todo, o que significa conhecimento (García, 1994).

A partir da didática existem perspectivas que possibilitam levar à prática as ideias enunciadas pela psicologia da aprendizagem, a epistemologia do conhecimento e a pedagogia, como a teoria da elaboração ou modelo da câmera fotográfica de Reigeluth (1979, apud Coll e Rocheira, 1996). Segundo esse autor, graças ao *zoom*, pode-se passar da visão do plano geral aos detalhes da cena e vice-versa.

Assim, a apresentação de temas de estudo tem início com uma descrição de tipo geral ou panorâmica do que será ensinado, para depois considerar as partes, os detalhes e as relações entre as partes, objetivando a visão do conjunto, encadeando os conceitos – do mais básico ao mais complexo, do mais conhecido ao mais novo – e estabelecendo as devidas relações entre eles.

Essa sequência está baseada no conceito de *diferenciação progressiva* elaborado por Ausubel, que é um processo que ocorre durante a aprendizagem, quando os conceitos mais abrangentes são, sucessivamente, decompostos em outros conceitos mais específicos.

> As ideias mais gerais e mais inclusivas da disciplina devem ser apresentadas no início, para depois ir diferenciando progressivamente cada uma delas.

No entanto, a diferenciação não chega a construir aprendizagens significativas, exigindo o movimento oposto, a *reconciliação integradora*, ou seja, partindo dos conceitos mais específicos de uma integração sucessiva até os conceitos mais gerais (Ausubel, 1980).

> Explorar relações entre ideias (similaridades e diferenças) e reconciliar discrepâncias.

Essa perspectiva é comparada com a metáfora da câmera de fotos. Assim, como podemos observar na Figura 6.2, apresenta-se primeiro uma visão geral com o plano do conjunto, para depois, por meio do *zoom*, aproximar-nos de um detalhe da cena em particular, apreciando toda a sua complexidade; identificam-se os componentes principais desta cena e analisam as suas relações.

Ao término da análise do primeiro detalhe constrói-se um resumo do estudo, a partir de textos ou mesmo de mapas conceituais. A seguir, com o *zoom* volta-se ao plano de conjunto (epítome), situando a parte analisada no conjunto e analisando as suas relações, enriquecendo o mapa geral inicial, dando origem ao epítome ampliado.

Desse modo pode-se atuar unidade por unidade, enriquecendo cada vez mais a visão geral e as inter-relações entre os temas estudados, fortalecendo a aprendizagem significativa e compreensiva.

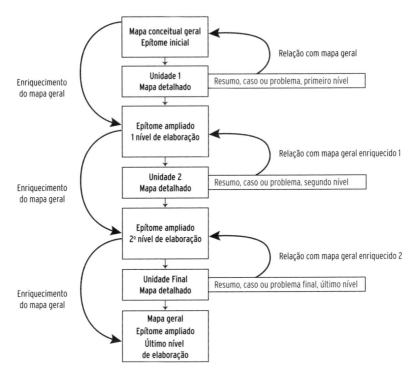

Figura 6.2: A sequência elaborativa.
Fonte: Reigeluth (1979, apud Coll e Rocheira, 1996, p. 350).

Esse tipo de metodologia, além de promover aprendizagens significativas, resulta em um poderoso instrumento para a abordagem da complexidade por meio de métodos interdisciplinares, facilitando o planejamento curricular integrador por parte dos docentes das diversas disciplinas.

Estamos falando de uma perspectiva que organiza os conteúdos, não em função da lógica das disciplinas, mas em função da articulação de conceitos, com o claro objetivo de dotar os alunos de uma visão do conjunto da realidade, que lhes permita compreender o mundo no qual vivem, para atuar sobre ele.

Dessa forma, o epítome geral pode constituir um guia dinâmico de integração conceitual, facilitando o estudo dos alunos e o planejamento de ações interdisciplinares por parte do corpo docente. Entendemos que essa metodologia ajuda até mesmo a dotar de sentido as diversas atividades de estudo, que de outra forma, e apesar de serem desenvolvidas por meio de métodos integradores (como o método de projeto), terminam isolando a atividade do resto da estrutura curricular, produzindo o mesmo efeito simplificador.

No entanto, a *integração conceitual* não pode ser vista só na perspectiva horizontal e anistórica, considerando a série ou ano em curso; mas deve também incorporar a dimensão vertical, trabalhando a perspectiva histórica, articulando as ações presentes com as passadas e as futuras, facilitando, dessa forma, o progresso dos alunos no percurso de seus estudos, de acordo com suas capacidades evolutivas.

Nessa linha, Bruner, já nos anos de 1960, assinalava que a melhor forma de aprender conteúdos era estudá-los em blocos, destacando ainda que a organização destes blocos não podia ficar ao acaso, ou refletir a estrutura interna das disciplinas objeto de estudo. Nesse contexto é que Bruner propôs uma transformação do conteúdo a ser ensinado, em função da perspectiva evolutiva atual e potencial de um sujeito. Para isso, realiza a proposta conhecida como *currículo em espiral*. Por meio desta noção enfoca:

> Assim, em abordagens históricas sucessivas, e regulando o alcance e aprofundamento, podemos construir o conhecimento complexo de um fenômeno, objeto de estudo por meio do conceito de complementaridade, por via da integração de diversos verbos de ação:
>
> **Identificar** os fenômenos que serão pesquisados.
>
> **Descrever** os elementos que o compõem para conhecê-los.
>
> **Explicar** seu funcionamento por meio de relações de causa e efeito.
>
> **Compreender**, estudando as relações existentes entre o fenômeno e o contexto ao qual pertence, para captar seu verdadeiro significado.
>
> **Valorar**, para reconhecer a sua importância à luz da ética, como dimensões da existência no âmbito das relações com outros indivíduos, sejam estes humanos ou não.

> Significa ver o mesmo tópico mais de uma vez com diferentes modos de representação e em diferentes níveis de profundidade.

Uma tradição ou conversão que iniciará com procedimentos marcadamente ativos e intuitivos para as crianças menores e que será dirigida progressivamente a formas de apresentação cada vez mais elaboradas, simbolicamente, conceituais [...] numa estrutura que deve ir ampliando o seu alcance e profundidade à medida que as possibilidades de desenvolvimento e aprendizagem da criança assim o permitam; resulta então que um plano de estudos ideal é aquele que oferece, a níveis cada vez mais amplos e profundos, conteúdos e procedimentos sempre adaptados às possibilidades de aprendizagem e desenvolvimento infantil. O currículo, em consequência, deve ser repetido, não em forma linear, mas em espiral, retomando constantemente e a níveis cada vez superiores os núcleos básicos de cada material. (Bruner, 1988, p. 17)

Dessa forma, progressivamente, e com a ajuda das "estruturas" ou "andaimes", que os adultos lhes aproximam para apoiar-se, as crianças constroem conceitualmente o mundo. Quer dizer que para Bruner, com uma clara influência vygotskyana, a educação é um processo solidário do desenvolvimento cognitivo. Ao conceber como um processo que é primeiro intersubjetivo, para logo ser internalizado, outorga à educação um papel fundamental nesse processo.

Portanto, "se queremos que os alunos se ajustem às novas demandas de aprendizagens, devemos começar mudando a forma como lhes ensinamos e definimos" (Pozo, 1989, p. 264) as atividades educativas. Essa mudança deve ser progressiva, para oferecer aos alunos um processo gradual de transferência do controle do processo de aprendizagem, passando do professor ao aluno.

Pode-se partir de uma instrução modelada, linear e demonstrativa, por meio de uma prática ativa que enfatize a pesquisa orientada e a aprendizagem por descobrimento guiado. Para chegar a uma prática não linear, de pesquisa autônoma, desenvolvendo as capacidades metacognitivas de aprender a aprender, que a realidade atual demanda.

O gráfico elaborado por Coll et al. (1996) e adaptado por Pozo (1989) ilustra esquematicamente o processo de transferência do controle ou responsabilidade da aprendizagem dos professores aos alunos (Figura 6.3).

> Como Vygotsky já tinha demonstrado, é especialmente notória a ausência de ferramentas e técnicas intelectuais nos currículos; estes só centram-se em conteúdos e informações.

A pedagogia ambiental também tenta superar a simplificação do conceito de *conteúdo*, que muitos professores ainda confundem com informação, com algo que se transmite, decora e mede para comprovar se o aluno aprendeu. Conceito que é identificado com as listas de informações a serem transmitidas e aprendidas na escola. Uma visão que como diz Schwartz (2008, p. 230), "não considera os fatores relacionais, sociais e afetivos, incluídos nos processos de ensino e de aprendizagem".

Figura 6.3: Representação esquemática do processo de transferência do controle ou responsabilidade da aprendizagem dos professores e alunos.

Fonte: Pozo (1996, p. 337).

Atualmente os *currículos* não incorporam as ferramentas intelectuais necessárias para o desenvolvimento mental dos alunos, e muito menos os estilos de pensamento imprescindíveis para a sua plena inserção na sociedade da informação e do conhecimento.

Estamos pensando em uma escola que não deveria apenas se focar na aquisição de habilidades e conhecimentos, mas também no desenvolvimento mental dos alunos. O ensino, como Davydov (apud Daniels, 2003) reafirma, ocupa um papel fundamental no desenvolvimento mental dos alunos. Desenvolvimento que se encontra intrinsecamente relacionado com as estratégias pedagógicas e os métodos didáticos.

Os alunos, como Ivic (apud Daniels, 2003, p. 434) reflete, estão sobrecarregados de fatos isolados e insignificantes; fatos que, ainda que relevantes, como diz Perrenoud (2005), estão *saturando* alunos e professores, a ponto de cada

> Conforme o *Dicionário Breve de Pedagogia*, conteúdo é:
> "O termo que se refere ao conjunto das matérias ou tópicos constantes dos programas das disciplinas ou áreas curriculares [...]. Atualmente, considera-se que os conteúdos devem surgir a par das competências e a sequência dos conteúdos deve ser alterada em função das necessidades dos alunos e dos contextos".
>
> Fonte: Marques (2000, p. 39).

> As análises de fracasso escolar raras vezes levam em conta a saturação conceitual dos alunos na escola em função de toda a informação que se espera que aprendam. Assim como raras vezes os professores levam em conta as demandas de atividades dos outros professores para com os alunos.
> É mais fácil para o sistema educativo buscar culpados, ou os professores, ou os alunos, ou as suas famílias; isso sem questionar a crescente demanda de aprendizagens pelas quais os alunos têm de passar.

coisa nova que queremos incorporar ao currículo significar o sacrifício de outra. Alunos que já não conseguem processar a grande quantidade de informação que consta dos currículos oficiais e que, para sobreviver a esta louca maratona para aprender, desenvolvem uma extraordinária capacidade para esquecer, encurtando cada vez mais a vida útil dos conhecimentos supostamente aprendidos na escola.

Isso deixa em evidência que os desafios socioambientais do presente não se resolvem adicionando mais e mais disciplinas ou conteúdos no currículo, ainda que eles fossem constituídos por conhecimentos relevantes, sem considerar o enorme impacto que isso traria ao sistema de ensino como um todo.

Por outro lado, também é manifesto que a escola não pode ser reduzida à incorporação de conteúdos pontuais, sem problematizar a visão da ciência positiva com a qual são enfocados. Uma perspectiva educativa que, como Postman e Weingartner (1969) identificaram, cultiva a certeza, as verdades absolutas, fixas e imutáveis; a visão dicotômica da vida, constituída pelos opostos, bom-ruim, certo-errado, verdadeiro-falso, a causalidade simplificadora e a ordem imposta, sem negociação e sem voz.

> Desenvolvendo personalidades passivas, dogmáticas, intolerantes, autoritárias, inflexíveis e conservadoras que resistem à mudança para manter intacta a ilusão da certeza. (Postman e Weingartner, 1969, p. 143)

Uma escola que forma pessoas que resolvem os conflitos com violência, que anulam o diferente, que não aprenderam a dialogar, a se comunicar e a construir em grupo. São pessoas que desenvolveram aprendizagens pobres, com escassa capacidade de transferência do aprendido a situações da vida real, ou a contextos mutáveis e imprevisíveis. Nesse sentido, como Leff (1994) afirma, não alcança a tentativa de abordar a complexidade da realidade por meio de métodos interdisciplinares; articulando conhecimentos curriculares baseados na racionalidade da "cultura depredadora" (Maclaren, 1997); "fundada no cálculo econômico, na formalização, controle e uniformização dos comportamentos sociais e na eficiência dos seus modelos tecnológicos, que induziram a um processo global de degradação socioambiental" (Leff, 2006, p. 18).

A pedagogia ambiental, nesse sentido, reclama a construção de uma nova racionalidade, uma cosmovisão sócio-histórica, biocentrista, solidária, crítica. Uma nova racionalidade que demanda uma nova revolução do pensamento, das formas valorativas e éticas associadas, e das formas de organização social.

Isso demanda a "problematização dos paradigmas teóricos das diferentes ciências, sugerindo a reelaboração dos seus conceitos, a emergência de novas áreas temáticas e a constituição de novas disciplinas ambientais" (Leff, 2002, p. 140).

No entanto, devemos considerar que a análise da estrutura do conhecimento curricular, a avaliação da relevância cultural dos conteúdos, a consideração dos modelos de racionalidade e a ponderação quantitativa da carga horária escolar na relação do plano de estudos *versus* a realização destes no calendário escolar só apresentam uma parte da complexa trama da aprendizagem. A pedagogia ambiental deixa claro que a educação não pode ficar restrita à informação, ao texto do manual ou do livro didático, por isso, considerando que a unidade central da constituição do psiquismo humano é a atividade (Leontiev); e que nela se integram todas as dimensões do ser, incorporando os afetos, os valores, as formas de comunicação, os desejos e a cultura; enxerga a escola também como atividade.

Uma atividade que, a partir do conceito de aprendizagem significativa de Vygotsky, fixa as suas raízes no social e não na ação individual. Que entende que o processo cognitivo não "é uma construção de representações de um mundo preconcebido, mas uma ação incorporada" (Varela et al., 2003, p. 33); ou como diz Morin, "ação efetiva". Uma ação que não resulta de um complemento na estrutura didática da sala de aula, mas da unidade central da constituição do pensamento de alunos e professores.

Essa perspectiva resgata o contexto de atividade do sujeito (complexo) e os fatores motivadores e contempla as múltiplas variáveis que se entrelaçam nas trocas que acontecem nas salas de aula. Considerando ainda os "sujeitos" participantes e as relações que se dão entre eles, a "comunidade de ensino" e a "comunidade de aprendizagem", formada por professores, alunos, gestores educativos, pais e não docentes; as "regras sociais de comunicação e interação", que envolvem a troca, o respeito pelo outro, o manejo de conflito por meio do diálogo, a aceitação das diferenças, o reconhecimento da importância dos outros na nossa vida; os "objetivos e resultados de aprendizagem", os "mediadores", instrumentos e ferramentas culturais, bem como a "distribuição do trabalho" para realizar as atividades e processos; entre outros.

É uma pedagogia que não só não rechaça e esconde o conflito, mas que o aproveita como motor da aprendizagem; que abraça as diferenças e os mal-entendidos na comunicação como potencializadores das contradições que provocam o desenvolvimento.

Uma pedagogia do erro, que tira o medo das pessoas de participar, estimulando-as a crescer, a opinar, a sentir e a pensar; que pratica e cultiva o conceito de honestidade, de verdade, de compromisso; superando as hipocrisias e o engano. Uma pedagogia que considera que o caminho se faz andando, tentando, acertando e errando.

A pedagogia ambiental também aborda os *valores* associados ao conhecimento, para desconstruir a racionalidade irracional (Horkheimer, 1976), que vem destruindo o mundo e as pessoas, e que nos coloca no limiar de uma crise socioambiental sem precedentes na história da humanidade, configurando a chamada sociedade de risco (Beck, 1998; Giddens, 1991). Uma sociedade que tem engendrado o holocausto, Hiroshima, Nagasaki, Iraque, Afeganistão, e *genocídios* muito menos publicados como os que provocam a morte de milhares de seres humanos todos os dias, pela ação combinada da pobreza, da falta de acesso à água, aos serviços sanitários, à educação de qualidade e aos serviços de saúde eficientes.

> O desenvolvimento conceitual não deveria ser visto unicamente como um empreendimento cognitivo.
> O desenvolvimento de conceitos científicos também inclui uma dimensão moral.

> 1 pessoa morre a cada 30 segundos.

Uma pedagogia que, reconhecendo a diversidade de aprendizagens que a realidade demanda, insiste em superar a visão universalista que tenta, através de um único método, resolver todas as demandas educativas existentes.

Pozo (1989) alerta sobre a confusão entre o caráter epistemológico – que diz que todo conhecimento é um reflexo psíquico da realidade e, por isso, resulta em uma construção – com o caráter da psicologia e da didática, nas quais podemos distinguir dois tipos de construção, estática e dinâmica; ou seja, essa representação que nós chamamos reflexo psíquico da realidade pode ser construída a partir de aproximações associativas, tentando realizar uma cópia, o mais precisa possível, do material de aprendizagem; ou de forma compreensiva.

Isso significa que a pedagogia ambiental deve tentar superar a classificação de aproximações psicológicas e didáticas reducionistas e não dialéticas do tipo ou-ou, dos métodos (associativos, construtivos e históricos culturais), ou de tipos de conhecimento (explicativos, descritivos e compreensivos), ou de métodos de pesquisa e avaliação (qualitativos e quantitativos); para responder à complexidade, não só das demandas educativas da sociedade do conhecimento, mas também da complexidade do processo de ensino e aprendizagem.

Dessa forma, retoma-se a posição de complementaridade metodológica que Habermas, a teoria crítica e o pensamento da complexidade, de Morin, têm promovido.

Assim, como Pozo (1996, p. 68) assinala, diversas estratégias podem ser utilizadas em função das necessidades de aprendizagem; "quanto mais abertas e variáveis as condições dos contextos onde devemos aplicar os conhecimentos, mais relevante se tornam os métodos construtivos; quanto mais repetitivas e rotineiras sejam estas condições, mais eficaz o método associativo". Isso sem descartar a relação entre métodos num mesmo processo de aprendizagem, construindo sistemas flexíveis, dinâmicos e dialéticos.

Falamos de uma pedagogia que entende que, para formar *cidadãos ativos* que possam participar da transformação da realidade, necessita-se muito mais do que conhecimentos prontos, conceitos a depositar desde uma perspectiva "bancária" nos sujeitos (Paulo Freire, 1987, p. 33). Necessitamos formar pessoas que tenham capacidade de processar e interpretar grandes quantidades de informação, podendo diferenciar a informação valiosa da fraudulenta, podendo analisar criticamente as informações no seu contexto histórico para compreendê-las e significá-las; e assim preparar-se para a práxis cidadã, ou seja, para a ação informada no contexto democrático.

> Giroux salienta que deve-se fazer uma tentativa de analisar as escolas como locais que, embora basicamente reproduzam a sociedade dominante, também contêm a possibilidade de educar os estudantes para torná-los cidadãos ativos e críticos (e não simplesmente trabalhadores).
>
> Fonte: Giroux (1997).

Essa demanda tem especial importância no contexto da "indústria cultural", do império dos meios de comunicação, da indústria da desinformação e em seu paradigma, "o pensamento único" (Adorno e Horkheimer, 1985).

Hoje, uma pessoa que não foi dotada de ferramentas para processar, interpretar e significar a informação que nos invade em todos os cantos da realidade, não está em condições plenas de praticar sequer o exercício do consumo responsável, muito menos de exercer uma cidadania plena. Do mesmo modo, uma pessoa sem capacidade para realizar pesquisa autônoma, análise crítica e comunicação dialógica não está em condições de lidar com a rápida obsolescência do conhecimento e da informação.

Como vemos, não são só conhecimentos sobre sustentabilidade, ou sobre a natureza, e comportamentos desejáveis que os nossos alunos necessitam para fazer a diferença na sociedade atual. Necessitamos pensar que os nossos métodos são também, em parte, conteúdos que dão forma aos estilos de pensamento, às representações sociais e aos nossos valores e formas de atuar.

Por isso, a pedagogia ambiental também deve considerar todas as potencialidades que fornecem hoje em dia as tecnologias de informação e comunicação.

Considerando que o processo cognitivo situa-se num contexto sócio-histórico e cultural; e que na atividade educativa a relação entre o conhecimento e o sujeito encontra-se sempre mediada pelo professor, pela linguagem e pela cultura, por meio de instrumentos, artefatos e ferramentas, não podemos deixar de considerar as novas linguagens e formas de comunicação que emergem da cibercultura.

> O vídeo possui uma característica fundamental: potencializar a atividade do aluno, utilizando para isso relatos narrativos e enunciativos, de ficção e realismo, ajustando-se em cada caso aos objetivos e competências a serem desenvolvidos na unidade em questão.

A utilização de *audiovisuais* em educação apresenta elementos muito positivos: permitem ilustrar e simular processos reais, demonstrar experiências, ilustrar princípios abstratos, condensar e sintetizar informações, mostrar procedimentos de tomada de decisão e o funcionamento de máquinas e processos.

A imagem é um importante meio para transmitir ideias, conceitos e relações. A imagem promove a atenção, o descobrimento, a compreensão e a motivação. A imagem é um recurso com elevado poder pedagógico, por meio dela pode-se captar o interesse do aluno, rompendo com a monotonia do texto, despertando seu interesse (Terry, 1994); além disso, as pesquisas de Yuill e Joscelyne (1988, apud Barrero González e Reyes Rebollo, 2000) mostram sua importância como organizadores prévios. Como poderoso motivador inicial, a linguagem do vídeo entra no mundo dos sentimentos, permitindo nos projetarmos nele.

A tecnologia educativa é um ótimo recurso para situar a aprendizagem e para deixá-la mais ativa e participativa, com ágeis ferramentas de pesquisa, com a possibilidade de reduzir os níveis de abstração, aproximando a distância entre o que se sabe e o que não se sabe, facilitando assim a elaboração de pontes conceituais e a construção de aprendizagens significativas, permitindo simular efeitos da realidade, trabalhar em comunidades de práticas e desenvolver a inteligência coletiva e colaborativa, promovendo a cultura do *copyleft*, entre outras.

As novas ferramentas, como já assinalamos no Capítulo 3, ampliam e potencializam muitas funções cognitivas, tanto no que se refere à memória, como no que se refere à imaginação. E fazem parte do cotidiano da realidade e da cultura dos alunos. São ferramentas que possibilitam adequar as novas formas de participação na educação, e transformar os participantes, de meros receptores passivos do conhecimento elaborado por outros, a produtores ativos de conhecimento, passando da cultura *copyright* à cultura *copyleft*. Ferramentas que possibilitam colaborar na construção da inteligência coletiva escolar e, ao mesmo tempo, ser usuários ativos do conhecimento aprendido.

A pedagogia ambiental que apresentamos torna-se então eminentemente participativa, sendo seus sujeitos os docentes, os alunos e todos aqueles que se encontram envolvidos na espiral educativa comunitária. "Um conjunto de atores que refletem criticamente sobre a sua própria prática, com o claro objetivo de transformá-la qualitativamente, melhorando consequentemente aos estudantes, aos docentes e à sociedade toda" (Luzzi, 2001a, p. 189).

Uma perspectiva que tenta superar o interesse constitutivo do conhecimento e das práticas educativas dominantes, focadas na resolução dos problemas originados na racionalidade instrumental da ciência moderna e na lógica da ganância; no interesse técnico, gerado no marco das ciências empírico-analíticas; e no seu objetivo fundamental de controlar o ambiente. Nesse sentido, as relações estabelecidas entre teoria e prática educativas são desenvolvidas a partir de uma determinação da primeira sobre a segunda, nas exposições teóricas, e inversamente, nas exposições pragmáticas.

O avanço que resulta da inter-relação e interinfluência entre teoria e prática educativas, determinando-se mutuamente numa espiral dialética, a partir da ciência aplicada e a inclusão da prática, serão amplamente superadas pela ciência educativa crítica. Esta tem, por um lado, um interesse prático, desde a concepção aristotélico-habermasiana de praxe como ação reflexiva e informada, e por outro lado, considera a teoria como emergente dessa praxe, como construção da razão crítica.

Quanto ao interesse emancipatório, este gera o componente libertador que possibilita descobrir as pressões e restrições que operam no conhecimento acerca das pessoas e da sociedade, para promover a autonomia e a responsabilidade dos grupos humanos no que diz respeito às suas próprias realidades. A originalidade da exposição desse tipo de interesse constitui a riqueza do pensamento habermasiano. Nesse sentido, pensa-se num docente que rompa com a estrutura pedagógica tradicional; a pesquisa-ação no ensino, que surge no interior desta corrente, reclama um docente crítico, comprometido e reflexivo em sua prática.

INTERVENÇÃO DOCENTE, O PROFESSOR CRÍTICO E REFLEXIVO

A pedagogia ambiental rechaça fortemente os discursos que colocam a culpa do fracasso educativo nos professores. Não podemos continuar a ocultar que o fracasso dos professores não é um fracasso individual, mas de grandes coletivos, um fracasso social e cultural de um modelo que construiu a acumulação de riqueza à custa do aumento da pobreza e da exploração de bilhões de pessoas.

Os professores têm sido submetidos a um modo de pensar a educação e a pedagogia que dificulta apreender o sentido e a natureza da profissão docente. Sua função foi reduzida a meros executores de programas de instrução. O reducionismo técnico-instrumental, no qual se baseiam tanto as dinâmicas curriculares das instituições que realizam a formação docente, como as variadas ofertas de capacitação e aperfeiçoamento, só colabora para a manutenção de uma visão instrumental e legalista da instituição educativa.

A escola resultante desse modelo é um espaço onde os professores dão aulas, cada um em sua sala, isolados, "transmitindo o conhecimento", focados no ensino, sem prestar atenção, ou sem condições de prestar atenção, à aprendizagem, ou aos contextos em que ela se desenvolve.

Um modelo de gestão educativa que tem silenciado os professores, calando a sua voz, e por isso, reduzindo-os a objetos, simples peças dos processos de ensino e aprendizagem. Professores que chegam na escola com esperança e que vão perdendo o vigor pouco a pouco; vão desmoralizando-se, desgastando-se rapidamente com as enormes demandas e desafios que a própria sociedade e os contextos culturais dos alunos apresentam a eles; professores que têm de lidar hoje com alunos que *brincam de traficantes*, com giz moído em papelotes, brincam com a violência, com as drogas, e até fazendo sexo nos banheiros. Têm de lidar com a realidade cultural que vivemos.

> Crianças da quarta série de uma escola pública de Sapucaia do Sul (região metropolitana de Porto Alegre) usaram pó de giz para fingir serem traficantes e consumidores de cocaína durante brincadeira no recreio.
>
> A brincadeira, que provocou apreensão no setor de educação da cidade, consistia em simular a venda de drogas em sala de aula e foi descoberta por uma professora.
>
> Fonte: Agência Folha (2009).

Mas, além disso, têm de lidar com a instabilidade, as constantes mudanças impostas pelos grupos de poder escolar, pela burocracia, pelas necessidades conjunturais das próprias secretarias de educação, ou pelas necessidades políticas das prefeituras e câmaras de vereadores.

Por isso reclama-se o reconhecimento da escola como *"esfera pública democrática"* (Habermas, 1989, p. 81), com tudo o que isso implica, e entender os professores como "intelectuais transformadores" (Giroux, 1997, p. 161) e produtores de conhecimento.

> Ele argumenta que as escolas devem ser consideradas um espaço de luta e uma esfera pública democrática, destinada a formas de fortalecimento pessoal e social construídas em torno de formas de investigação crítica que priorizam o diálogo significativo e a atividade humana.

> Ao encarar os professores como intelectuais podemos elucidar a importante ideia de que toda a atividade humana envolve alguma espécie de pensamento. Nenhuma atividade, independente do quão rotinizada possa se tornar, pode ser abstraída do funcionamento da mente em algum nível. Este ponto é crucial, pois ao argumentarmos que o uso da mente é uma parte geral de toda atividade humana, nós dignificamos a capacidade humana de integrar o pensamento e a prática.
> [...]
> Encarar os professores como intelectuais também fornece uma vigorosa crítica teórica das ideologias tecnocráticas e instrumentais subjacentes à teoria educacional que separa a conceitualização, planejamento e organização curricular dos processos de implementação e execução.

Por isso é que a pedagogia ambiental promove o desenvolvimento de professores reflexivos e críticos como participantes ativos do governo escolar, professores que, por meio de processos metacognitivos, conseguem aprender a aprender da sua própria prática.

> Entende-se por metacognição a habilidade de pensar sobre o pensamento, no sentido de retornar aos próprios processos mentais, sendo cada um o próprio objeto de reflexão.

Isso garante uma participação, "como práxis, ação informada" (Carr e Kemmis, 1988). Esse exercício do pensamento crítico, do "olhar para dentro", inclui a capacidade de "usar" bem o conhecimento que se tem, permitindo tanto modificar a própria ação, como saber colocar exemplos simples, quando pedir ajuda ou sair de uma situação embaraçosa, usar melhor os recursos, resolver problemas etc.

> R. Nickerson, autor de vanguarda na exposição dessas questões, define a atividade metacognitiva como:
> "O conhecimento sobre o conhecimento e o saber, e inclui o conhecimento das capacidades e limitações dos processos do pensamento humano, do que se pode esperar que saibam os seres humanos em geral e das características de pessoas específicas – em especial, de si mesmo – quanto a indivíduos conhecedores e pensantes. Podemos considerar as habilidades metacognitivas como aquelas habilidades cognitivas que são necessárias, ou úteis para a aquisição, o emprego e o controle do conhecimento, e das demais habilidades cognitivas. Incluem a capacidade de planejar e regular o emprego eficaz dos próprios recursos cognitivos".
> Fonte: Nickerson et al. (1987, p. 125).

A metacognição tem sido tema de pesquisa recente da psicologia cognitiva. Porém, a que nos referimos quando falamos de *habilidades metacognitivas*? Esse termo é utilizado para ilustrar aqueles aspectos do pensamento que podem ser melhorados com treinamento, como dizíamos, potencializar as habilidades de tal modo que se use da melhor maneira possível o conhecimento de que se dispõe. Algumas dessas habilidades, segundo Nickerson et al. (1987), podem ser: o planejamento, a revelação, a verificação, a comprovação da realidade e a supervisão e controle das tentativas próprias deliberadas de realizar tarefas que sejam intelectualmente exigentes. Estas representam algumas habilidades relativamente específicas para melhorar o pensamento.

Contudo, é possível ensinar a pensar, aprender a aprender? Torna-se interessante abrir essa interpelação, já que, do que antes foi exposto, podemos pensar em extrair algumas implicações para a prática educativa. Resumidamente diremos que, com relação aos métodos para ensinar a pensar e para aprender a aprender, existe uma grande variedade quanto aos objetivos, procedimentos e resultados; entretanto, segundo Nickerson, todos coincidem em:

- Exercitar habilidades básicas do pensamento: classificação, análise, formação de hipóteses.
- Motivar a curiosidade, o interesse pela produção intelectual.
- Tratar de incentivar o desenvolvimento de um modo de produzir criativo.
- Melhorar os sistemas de autoavaliação ou controle do método e dos resultados na solução de problemas.
- Potencializar as estratégias na resolução de problemas.
- Conceder uma grande importância mediadora ao educador, que guia o processo de "aprender a pensar" e "aprender a aprender".

A partir dessa postura, faz-se necessário revisar também a chamada formação continuada de professores realizada nas universidades, que resulta na construção de aprendizagens declarativas, abstratas e descontextualizadas, desconsiderando não só os conhecimentos e saberes construídos pelos professores no seu exercício cotidiano, mas também as emoções positivas ou negativas provenientes da cultura em que se encontra imersa a atividade educativa.

Assim, fazem-se, continuamente, cursos e mais cursos, sem conseguir penetrar na complexidade sociocultural da escola, e seus contextos mais amplos, que impactam fortemente sobre professores e alunos. Contextos que apresentam características específicas que determinam a constituição dos sujeitos educativos e, por isso, as capacidades de sucesso das diversas estratégias e metodologias de ensino. Não é possível continuar descontextualizando a formação docente dos professores em exercício, que já têm um conhecimento acumulado e uma experiência profissional de valor construída.

Como afirma Candau (1996), é necessário um novo direcionamento na formação continuada, e ele se fundamenta no fato de que o *locus* da formação a ser privilegiado é a própria escola; isto é, é preciso deslocar o *locus* da formação continuada de professores da universidade para a própria escola. Todo processo de formação continuada de professores deve ter, como referência fundamental, o saber docente, o reconhecimento e a valorização do saber docente e, porque não, dos alunos, dos pais e dos outros habitantes da microssociedade escola.

Para um adequado desenvolvimento de formação continuada, é necessário ter presentes as diferentes etapas do desenvolvimento profissional do magistério;

não se pode tratar do mesmo modo o professor em fase inicial do exercício profissional e aquele que já conquistou uma ampla experiência pedagógica, ou aquele que já se encaminha para a aposentadoria. (Candau, 1996, p. 143)

Nesse sentido, o professor reflexivo e crítico, que desenvolve um conhecimento metacognitivo, se potencializa por meio de grupos cooperativos (Palincsar e Brown, 1984) ou de comunidades de práticas (Lave e Wenger, 1991) na construção de verdadeiros círculos hermenêuticos (Gadamer, 1998) de interpretação do cotidiano, promovendo a compreensão da complexa realidade vivida; primeiro passo na direção de transformá-la. Um "reconstruir" a prática e "recriar" os reflexos psíquicos da realidade escolar, mudando não só o conhecimento pedagógico e didático, mas também as representações sociais, que geram disposições, *sentimentos* e preconceitos, que operam consciente ou inconscientemente na atuação cotidiana.

> Pérez Gómez (1995) diz que a reflexão deve ser um processo que faça a imersão do homem no mundo carregado de valores, intercâmbios simbólicos, correspondências afetivas, interesses sociais e cenários políticos.
> Fonte: Pérez Gómez (1995).

Uma reflexão coletiva que, como Alarcão (2003) coloca, deve abranger o conjunto da própria escola, ou seja, a escola deve assumir um dinâmico processo de reflexão coletiva, junto aos atores do processo, sendo uma instituição que se pensa a si própria, na sua missão social e na sua organização, pois nunca está completamente feita, mas em constante construção da comunidade social que quer ser.

Nesse mesmo sentido, Moura (2001a) ressalta a importância de superar o planejamento didático estático e inflexível, considerando o planejamento como um permanente "sendo", que nunca é visto como algo completo e acabado. O planejamento, para Moura, é visto como orientação, como guia, por isso ele elabora o conceito de "atividades orientadoras do ensino", possibilitando as mudanças em pleno voo, considerando a negociação de significados e a necessária reelaboração do planejamento para se adequar à dinâmica das interações professor-aluno e aluno-aluno.

A interdisciplinaridade, produto dessa abordagem educativa, compreende não só as ciências e as suas relações, como se elas fossem as únicas formas de conhecimento, mas envolvem os saberes não científicos de compreensão da escola, do mundo e das relações das pessoas consigo mesmas, com os outros e com o ambiente do qual somos parte integrante.

Dessa forma, a pedagogia ambiental reclama pela reformulação não só dos programas de formação continuada, mas também dos tristemente célebres Horários de Trabalho Coletivo (HTC), os quais não conseguem constituir uma metodologia séria de reflexão coletiva ou um planejamento de um sistema de atividades que possa guiar a prática de forma coerente e interdisciplinar.

Talvez, na união dos programas de formação continuada com os HTC se consiga o suporte necessário para dar à luz uma verdadeira comunidade de ensino, base indispensável para a formação de uma comunidade de aprendizagem.

A ESCOLA COMPLEXA

A pedagogia ambiental resgata fundamentalmente a importância do ambiente na formação de professores e alunos; as abordagens teóricas analisadas até aqui – epistemológicas, psicológicas, pedagógicas e didáticas – consideram o ambiente como um componente fundamental, seja como uma variável independente (perspectivas contextualizadoras), ou como uma totalidade, sujeito em seu ambiente (perspectivas contextuais) (LaCasa, 1994).

Fernández Enguita (1990, apud Sacristán e Pérez Gómez, 2000) identifica que todas as teorias partilham de uma visão de escola e de salas de aula como tramas de relações sociais, assim como o funcionalismo de *Durkheim* e como o estruturalismo de Althusser, incluindo Foucault e a teoria da correspondência de *Bowles e Gintis*.

A pedagogia ambiental entende tanto as escolas como as salas de aula como pequenas sociedades, nas quais os alunos pensam, sentem e atuam de um modo diferente do que quando se encontram sozinhos, isolados.

A escola é uma trama de relações sociais e materiais que organizam a experiência cotidiana e pes-

> Durkheim, segundo Filloux (1993), num texto referindo-se à natureza e aos métodos, identificava a classe "como uma pequena sociedade na qual os alunos pensam, sentem e atuam de modo distinto de quando estão isolados. Numa classe se produzem formas de contágio, de desmoralização coletiva de mútua sobre-excitação, de efervescência saudável, que devem ser captados a fim de combater uns e tirar proveito de outros".
>
> Fonte: Filloux (1993, p. 13).

> Bowles e Gintis afirmam que a educação tem como característica a correspondência entre a organização da escola e a do trabalho, e que existe uma desigualdade na escola que reproduz a divisão social do trabalho.
>
> As escolas funcionam de forma a legitimar as divisões de classe, contribuindo para a criação de uma força de trabalho que responde em cada momento às necessidades do capital.

soal do aluno/a com a mesma força ou mais que as relações de produção podem organizar as do operário na oficina ou as do pequeno produtor no mercado. Por que então continuar olhando o espaço escolar como se nele não houvesse outra coisa em que se fixar além das ideias que se transmitem? (Fernández Enguita, 1990, p. 52)

Isso significa reconhecer que os alunos aprendem não só como consequência da transmissão de informação dos professores, mas também como consequência das vivências que experimentam por meio das interações sociais que acontecem na escola e nas salas de aula. Segundo Vygotsky, graças a estas interações entre o indivíduo biológico, os artefatos culturais e o ambiente natural e social se desenvolvem os processos psicológicos superiores.

Esse processo resulta de caráter "ativo, social e comunicativo", como Cubero e Santamaría (1992) já tinham assinalado. Ao apropriar-se das palavras, as pessoas se apropriam também de uma experiência social e histórica que constitui as bases de seu contexto cultural, que adquire significado no contexto sócio-histórico que habitam. Contextos que Bruner (1997) tem chamado espaços intersubjetivos; aí acontecem as interações que propiciam a transição de um espaço interpsicológico a um intrapsicológico.

Espaços onde professores e alunos constroem conhecimentos, afetos, valores e representações sociais muitas vezes não escritos e, ainda pior, não buscados, ou contraditórios com os objetivos planejados. É o chamado currículo oculto, que apesar de desempenhar um importante papel na configuração de significados e valores, não se costuma prestar-lhe muita atenção. Está constituído pelas tramas sociais configuradas pelos temários, pela distribuição de espaços físicos e tempos, regulamentações e regimentos, negociações, intervenções docentes, sistemas de comunicação, nível de participação, sistemas de avaliação, aproximações didáticas, entre outros.

Assim, o processo de construção de significados não é independente das instituições nas quais se desenvolve; o significado é indissociável do uso e do conjunto de práticas associadas a ele, num determinado contexto social.

Para outros, como Bandura (1986), as pessoas não só aprendem atuando, mas também na observação do que os outros fazem. Bandura parte de um modelo de interação entre o ambiente, a conduta e os fatores pessoais (cognitivos, emocionais etc.); uma interação caracterizada por influências bidirecionais. O autor fala de reciprocidade triádica; na qual os comportamentos dependem do ambiente e dos fatores pessoais, e estes, por sua vez, influenciam os outros. Os sujeitos apreendem em seu ambiente por meio de modelos; por meio da observação de modelos reais – nossos pais, amigos, professores, ídolos; ou de forma simbólica, por meio da televisão, do cinema, entre outros.

O ambiente escolar não é neutro, é atravessado por múltiplas dimensões que dialogam na construção das mesmas aprendizagens. Segundo Sacristán e Pérez Gómez (2000, p. 21):

> Atender somente aos conteúdos do currículo ou ao comportamento do professor ou dos alunos significa simplificar a riqueza da vida da sala de aula e, portanto, ter uma compreensão deformada. Se a realidade é complexa e quiser respeitar a complexidade na compreensão da mesma, o modelo de análise e interpretação da mesma deve também ser complexo.

Se a educação ambiental significa fundamentalmente o reconhecimento da complexidade, das interdependências, da dinâmica, da totalidade, da superação da visão dicotômica de mundo, e do resgate da íntima relação entre o sujeito e o seu ambiente, resulta em uma visão de educação, uma forma de pensar a educação que reconheça a escola como um complexo e dinâmico sistema constituído por um conjunto de processos e trocas que vão muito além da simples transmissão de informação que acontece nas salas de aula.

A escola em si é um todo constituído por múltiplas dimensões que configuram a aprendizagem que constrói cada indivíduo; um complexo tecido de elementos inseparavelmente associados, constituído, como podemos observar na Figura 6.3, por três subsistemas principais em mútua interdependência: o institucional, a turma ou sala de aula e a tarefa acadêmica.

É um sistema altamente dinâmico e conflitante, organizado em torno de um objetivo comum, isto é, alcançar um resultado educativo deliberadamente buscado.

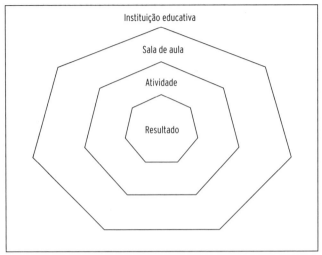

Figura 6.4: Dimensões da complexidade escolar.

Fonte: Adaptada de LaCasa (1994).

Esses subsistemas podem coexistir em uma certa harmonia "dinâmica", baseada no diálogo, na empatia, na consideração do outro e na busca pela superação dos mal-entendidos, das contradições e dos conflitos, na busca de resultados educativos comuns; ou podem coexistir numa ecologia da incomunicação, da massificação, da falta de consideração pelos outros, da repressão do diferente, em forma desarmônica, incoerente, e caótica; fazendo perder o rumo das atividades educativas, construindo um espaço atravessado por sentimentos adversos e pelo fazer de conta.

Uns fazem de conta que ensinam, outros fazem de conta que aprendem, e ainda existem outros que fazem de conta que se importam com a educação pública de qualidade. Uma perspectiva que ilumina algumas das variáveis mais importantes na hora de explicar o fracasso escolar.

Voltaremos mais adiante a analisar as inter-relações entre os diversos subsistemas que compõem o todo chamado escola. Entretanto, vamos examinar algumas características de cada uma delas.

O subsistema institucional constitui a cultura da organização, a que guia a atuação de todos os componentes da escola; que marca o rumo das atividades educativas e cria o clima psicossocial que vivenciam os atores educativos.

Lembrando que o contexto cultural desempenha um papel essencial e determinante no desenvolvimento do sujeito, fica claro que de pouco serve proclamar nas salas de aula um discurso em prol da democracia, dos direitos humanos, da participação social, da importância do diálogo, da solidariedade, da cooperação, do respeito à diversidade; numa escola rígida, padronizada, ritualística, pouco dinâmica, burocrática, escassamente democrática, baseada apenas na ordem e na disciplina, sob a autoridade e a punição, na qual as pessoas, nos regimentos internos, só têm deveres e obrigações, mas não direitos.

Instituições que não inspiram os alunos a aprender, os *professores a ensinar* e os pais e comunidades a participar. Inspiram as pessoas a fazer de conta que aprendem, ensinam e participam. Instituições nas quais se vivenciam experiências e emoções frustrantes, onde não se consegue aprender a dialogar para dirimir conflitos, onde se aprende a mentir e a trair para não ter problemas. Uma escola transmissora de conhecimentos feitos, que pouco dialoga com o contexto cultural das crianças e dos jovens.

> "A intenção educativa do professor, como sabemos, mesmo tendo muito de pessoal, só o é porque ele vivenciou trocas simbólicas, partilhou significados, experienciou a realidade em que vive e forjou-se no seu ambiente cultural, no qual as intenções educativas puderam tornar-se conteúdo concreto, capacitando-o para ir se tornando pessoa."
> Fonte: Moura (2001b).

Dessa maneira podemos observar que a gestão de uma instituição educativa é uma dimensão profundamente pedagógica e não simplesmente administrativa, que se pode equalizar por meio de métodos de gestão empresariais baseados na eficácia, como muitos pensam.

A dimensão institucional constitui o marco, o contexto e a cultura geral em que os atores educativos coexistem; uma comunidade de múltiplas vozes, que não necessariamente têm de pensar da mesma forma e sempre alcançar o *consenso*, mas conviver também com o dissenso, respeitando a diversidade de formas de pensar, sentir e atuar no entorno educativo.

> A democracia, para Bobbio (1997), caracteriza-se tanto pelo consenso como pelo dissenso.
> O consenso, construído sobre os procedimentos necessários à viabilização do regime, coexistiria com o dissenso, conservando-se dentro de determinadas proporções, que contribuiria para a progressiva mudança da sociedade por meio da livre discussão de ideias e do desenvolvimento de "revoluções silenciosas".
> Fonte: Bobbio (1997).

A pedagogia ambiental, baseada na teoria da atividade, fornece um marco conceitual por meio do qual podemos enxergar a totalidade chamada escola, possibilitando capturar, desde uma aproximação "elaborativa", não só os pormenores que acontecem em cada um dos subsistemas integrantes; mas também as múltiplas significações que cada um deles adquire na estrutura geral, na configuração da direção do centro e, em definitivo, na construção da sua identidade.

Uma escola onde todos os componentes são pensados em uma perspectiva pedagógica, desde a arquitetura escolar, a distribuição do espaço e do tempo, passando pelos recursos didáticos disponibilizados para alunos e professores, até a alimentação, os horários livres e os recreios.

Assim, conforme a Figura 6.5, o sistema escolar é formado fundamentalmente pelos atores educativos encarregados da sua cotidianidade existencial (equipe gestora, professores, alunos, merendeiras, porteiros, auxiliares, docentes, pais); pelas regras que regulam as trocas (estilo de gestão, estilo de liderança e regimento interno que determinam os direitos e deveres dos atores); pela comunidade (de ensino e de aprendizagem, que configuram espaços colaborativos); pela divisão do trabalho nas comunidades (para o planejamento e gestão do centro educativo, configurando o real sentido da palavra participação); pelos mediadores (constituídos pelas diretrizes políticas, pela cultura geral, pelos sistemas de comunicação, pelas características físicas e arquitetônicas, pela distribuição do espaço físico e do tempo); em relação aos objetos da instituição (*projeto político pedagógico e projeto político curricular*); na busca de um resultado (a construção de uma política educativa que constitua a identidade da instituição em relação ao contexto).

> O planejamento político pedagógico é o eixo estruturante que constitui a identidade central da escola, já que reflete sobre quem somos e o que queremos ser como instituição. Responde qual é o papel que a escola deve desempenhar num período histórico, definindo a identidade da escola, a sua cultura.

> O projeto curricular da escola é o lugar onde se concretizam tanto as políticas educativas (federais, estaduais e municipais), como o projeto político pedagógico da escola. Sem este, o projeto político pedagógico termina sendo um discurso de intenções sem possibilidades reais de desenvolvimento.

Nessa perspectiva compreendemos a importância de todos e de cada um dos atores do processo educativo, não só do grupo pedagógico (diretora, coordenador pedagógico, professores, supervisores), mas também dos outros atores que possuem, cientes ou não disso, um papel educativo – falamos de merendeiras, porteiros, auxiliares, bibliotecários. Uma microssociedade viva, ativa e conflitante, que penetra fundo em cada um dos componentes da comunidade escolar.

A escola é entendida como um sistema de atividades, diversas e heterogêneas, que articuladas, configuram o todo (cultura institucional), que ao mesmo tempo, dota-as de sentido e significado para os habitantes da escola.

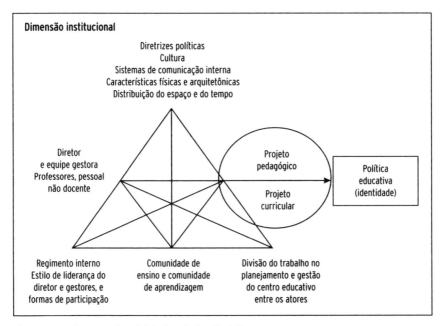

Figura 6.5: Sistema de atividades da instituição.
Fonte: Baseada no esquema de atividade elaborado por Engeström (1987).

Um sistema orientado por uma necessidade, a construção de uma identidade escolar, tanto da perspectiva da organização do ensino, como da organização da aprendizagem; uma identidade que se manifesta por meio do projeto político-pedagógico, do projeto curricular institucional e do regimento interno, caracterizando o tipo de democracia que é vivenciada na instituição. Uma comunidade organizada, cuja finalidade é contribuir para a humanização de professores, alunos, pais e não docentes, na qual todos os integrantes partilham de objetivos comuns.

A SALA DE AULA COMPLEXA

A sala de aula é outro contexto cultural complexo, que se encontra intrinsecamente relacionado ao contexto cultural da instituição e à política educativa que constitui a identidade da escola. Uma relação estreita que pode representar coerência e fortalecimento de valores, condutas, modelos pessoais e formas de pensar planejados na busca de resultados de aprendizagem, ou pode manifestar rupturas e contradições internas que geram conflito cultural, cognitivo e emocional para alunos e professores.

O certo é que a cultura da sala de aula, assim como a cultura da instituição educativa, significa e ressignifica o processo de ensino e aprendizagem. A sala de aula, nessa perspectiva, também é um "espaço intersubjetivo" (Bruner, 1998a), não é um simples espaço que contém fisicamente a relação entre o estímulo do professor e a resposta do aluno, ou a relação entre o aluno e o conteúdo mediado pelo professor.

A cultura e os processos cognitivos são indissociáveis. Parafraseando Bruner, podemos afirmar que ainda que os significados estejam na mente, estes têm a sua origem na cultura na qual se criam. A cultura, segundo Bruner (1997), dá forma à mente, que nos dá os instrumentos, por meio dos quais construímos não só nossos mundos, mas também, nossas próprias concepções de nós mesmos.

Assim, a chamada educação ambiental, que tem à sua frente o desafio de superar o pensamento cego, ao qual Morin faz referência, e ao reducionismo e à simplificação da realidade, que a ciência positivista tem engendrado, deve tentar iluminar o processo de ensino e aprendizagem, analisando a complexidade da sala de aula, tentando desentranhar a multiplicidade e a multirreferencialidade dos fenômenos que acontecem nas trocas entre professor e alunos, e entre alunos.

> O modelo ecológico representa uma visão que pretende captar as relações entre o ambiente e o comportamento individual e coletivo, assumindo as salas de aula como espaços de trocas e negociação.

Um olhar complexo como o que apresenta o *paradigma ecológico* na pesquisa educativa, o modelo de Tikunoff (1979, apud Pozo, 1989), por exemplo, considera que para captar a vida complexa da sala de aula, na sua riqueza, deve-se levar em conta as *variáveis situacionais*, que definem o clima físico e psicossocial em que acontecem as trocas; as variáveis experienciais que remetem aos significados e modos de atuar de cada um dos atores, a cultura e modos de interpretar o mundo que cada um carrega e as *variáveis comunicativas* que se referem aos conteúdos das trocas.

> Isso é o clima de objetivos e expectativas que se reflete na atmosfera da classe e nos cenários formados pela configuração do espaço e do tempo, a estrutura das atividades e os papéis que os indivíduos desempenham.

> Nesta variável encontramos três níveis: o intrapessoal, o interpessoal e o grupal, como instâncias de trocas e construção de significados.

Ou como o que apresenta o enfoque ecológico de Doyle (1977, apud Pozo, 1989), que analisa a vida da sala de aula como um espaço de trocas de atuação por qualificação. Para o autor, a aprendizagem acontece num espaço ecológico carregado de influências simultâneas como consequência das interações das pessoas num grupo social que vive em um contexto. Para Doyle, este espaço está condicionado pela existência de dois subsistemas: a estrutura de tarefas acadêmicas e a estrutura social de participação, atravessadas ambas pelo caráter avaliador que a vida escolar possui.

A avaliação nessa perspectiva passa a ser uma troca de atuações dos alunos por qualificações dos professores. Isso significa deslocar a motivação intrínseca do aluno que deseja aprender para satisfazer às suas necessidades de inserção social, de compreensão do mundo que o rodeia, para a simples e clássica motivação extrínseca de aprender para trocar qualificações que lhe permitam passar de ano e sair da escola rumo à liberdade. Uma escola que, imersa na cultura da adoração dos resultados, reforça a cultura do "fazer para ter", e não "para ser" e "estar sendo", considerando o desfrute do processo, da aventura de descobrir o mundo que habitam.

Ou como afirma Erickson (1996, apud Daniels, 2003, p. 101), "os professores e alunos, nas salas de aula, interagem construindo uma ecologia de relações sociais e cognitivas em que todas as partes se influenciam simultânea e continuamente".

Pela complexidade, e considerando-se a teoria da atividade, tenta-se superar a visão simplista estímulo-resposta, que reduz o professor a um mero transmissor de conteúdos e controlador da ordem, e os alunos a máquinas de armazenamento ou processamento de informação, desconsiderando as outras dimensões que fazem parte do ser humano e, por extensão do processo de aprendizagem, desconsidera também as formas de pensar, os afetos, os valores e interesses que cada conhecimento esconde, as motivações, entre outras.

Assim, na sala de aula complexa, como podemos visualizar na Figura 6.6, é possível considerar que a aprendizagem é produto da inter-relação de numerosos componentes, entre os quais podemos destacar: os sujeitos que a habitam (professor e alunos e seus problemas, sentimentos, angústias, desejos, medos); as regras sociais que regulam as relações e trocas entre os sujeitos (configuradas pelo estilo de liderança do professor e pelo contrato pedagógico negociado e assinado com os alunos); a comunidade de ensino (formada pelos professores com os quais os alunos interagem no interior de uma série) e da aprendizagem (formada não só pelos alunos como indivíduos, mas também pelos grupos e suas múltiplas inter-relações e conflitos); a divisão do trabalho no interior da comunidade (considerando o planejamento e gestão da vida em sala de aula).

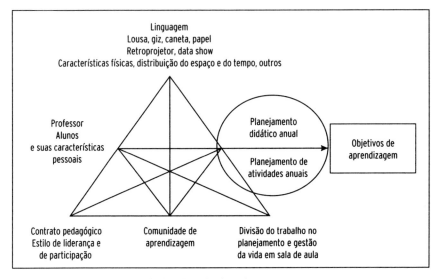

Figura 6.6: Sistema de atividades da sala de aula.
Fonte: Baseada no esquema de atividade elaborado por Engeström (1987).

Esses componentes são mediados pela linguagem, pelos instrumentos e artefatos culturais que introduzem novas formas de comunicação e percepção, e pela distribuição do espaço e do tempo em relação à operacionalização de um plano didático e de atividades educativas, na busca de objetivos de aprendizagem que permitam viabilizar o projeto político-pedagógico da instituição.

A sala de aula, a partir dessa perspectiva, é entendida como outro sistema de atividades, diversas e heterogêneas que, articuladas, configuram o todo (cultura da sala), que ao mesmo tempo as dota de sentido de forma situada. Um sistema orientado por uma necessidade de alcançar objetivos de aprendizagens, por meio do planejamento didático anual, do planejamento de atividades educativas e do contrato pedagógico, que denota o estilo de participação e de liderança do professor, configurando a cultura que se vivencia nela.

AS ATIVIDADES EDUCATIVAS

As metodologias também são problematizadas e complexadas pela pedagogia ambiental. Como já vimos, a criança se apropria do ambiente como ser ativo, e é na atividade coletiva que constrói a significação cultural dos objetos de conhecimento; aí reside a importância da atividade educativa no desenvolvimento da aprendizagem. Ao mesmo tempo, as atividades educativas, assim como a instituição e a sala de aula, possuem uma complexidade que poucas vezes é considerada pelos professores que, em numerosas ocasiões, *confundem ação educativa com atividade*.

> Para piorar o quadro, percebemos que a maioria das experiências de aprendizagem planejadas resultam em ações que os alunos realizam de forma mecânica e rotineira, tendo como única motivação serem aprovados na avaliação da disciplina.

Entendemos que uma ação é uma condição necessária, mas não suficiente para construir uma educação transformadora, que desperte a motivação intrínseca por aprender, que colabore na compreensão da realidade e no desenvolvimento de ferramentas intelectuais que possibilitem exercer o intelecto crítico, que fortaleça a comunicação, o diálogo e a capacidade de se expressar e de confrontar ideais, que contemple os afetos e sentimentos dos alunos, e que se adeque às novas formas culturais, conflitos, necessidades e linguagens que constituem os mundos nos quais habitam os alunos.

Uma atividade, do ponto de vista da teoria da atividade, pode ser entendida como um sistema de ações e operações sequenciadas, distribuídas no interior de uma comunidade de aprendizagem, designando papéis e objetivos claros, com a finalidade de alcançar resultados que permitam responder às necessidades de aprendizagem situadas.

Assim, a atividade, além de proporcionar coerência entre os objetivos, as ações e os resultados educativos, contempla uma visão complexa que integra valores, afetos, sentimentos, linguagens e formas de comunicação, regras sociais, autorregulação dos esforços, desenvolvimento de pensamento estratégico, avaliador e metacognitivo, superando a visão conteudística da escola

> "Assim, desde cedo, a aprendizagem escolar pode deixar de ser uma atividade para tornar-se uma tarefa, uma vez que as ações que a criança realiza não coincidem com os motivos que as desencadeiam. Isto é, não sendo uma necessidade do sujeito, deixa de haver um motivo e as ações para a concretização da necessidade não são desencadeadas para satisfazê-la e sim para cumprir o que estamos chamando de tarefa, para diferenciar do que Leontiev chama de atividade."
>
> Fonte: Moura (2001b).

tradicional e, sobretudo, fornecendo a *motivação* que motoriza o processo de aprendizagem.

Na atividade supera-se a redução do sujeito à dimensão cognitiva, colocando o professor e os alunos na sua totalidade ou como pessoas, no dizer de Nóvoa (1992).

A atividade, assim como as interações na escola e na sala de aula, também é produto da inter-relação simultânea de numerosos elementos: os sujeitos que participam (professor e alunos); as regras sociais estabelecidas para a atividade; a comunidade de aprendizagem; a divisão do trabalho e os papéis que cada ator ocupa na estrutura desta, mediados pelos instrumentos e artefatos culturais em relação à operacionalização de um planejamento didático constituído por uma sequência de ações e operações, na busca de objetivos de aprendizagem que permitam viabilizar o projeto didático da sala de aula e, por meio dele, o projeto político-pedagógico da instituição.

Essa abordagem não significa de modo algum engessar a prática ao pla-

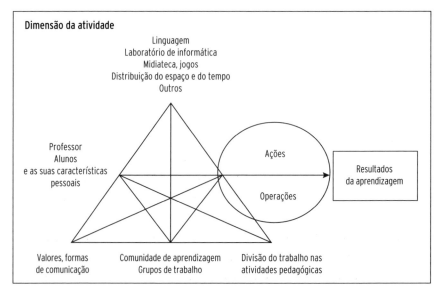

Figura 6.7: Sistema de atividades educativas.
Fonte: Baseada no esquema de atividade elaborado por Engeström (1987).

nejamento elaborado, mas entendê-lo como um guia que permite transitar em direção a um objetivo comum de aprendizagem, transcendendo o império da improvisação, e dotando o professor de ferramentas para aprender da sua própria prática, e, ao mesmo tempo, servir de mapa de estrada aos alunos na exploração e na aventura de conhecer, e de aprender a aprender.

INTER-RELAÇÕES ENTRE INSTITUIÇÃO, SALA DE AULA E ATIVIDADE EDUCATIVA: EM BUSCA DE COERÊNCIA

A escola, vista como sistema, possibilita a construção de uma verdadeira comunidade de aprendizagem, uma organização que aprende da sua própria prática, da sua própria dinâmica, uma organização autopoiética, que constrói a si mesma num processo cercado de desafios, conflitos, preconceitos e mal-entendidos.

Um processo vivo, ativo e comunicativo, um permanente "estar sendo", um processo inacabado em permanente processo de construção.

Visto de uma perspectiva hermenêutica e complexa, a vida escolar não se resume à análise das relações existentes entre as partes e o todo, que constitui a direção e o sentido das práticas, mas também envolve as relações entre os indivíduos e os grupos, considerando as diversas representações sociais, sentimentos, desejos e emoções que cada um dos atores desenvolve e que determinam a sua atuação cotidiana.

Assim, podemos entender que a abordagem da complexidade na escola não pode ser restringida a uma simples articulação de conteúdos disciplinares, por meio de métodos interdisciplinares, sem considerar as diversas dimensões e componentes que fazem parte da aprendizagem que cada professor e aluno constroem na sua prática; não é possível continuar com a visão ingênua que reduz a escola a um conteúdo, como se ele fosse capaz de resolver todas as demandas de aprendizagem da sociedade atual. A vida escolar e as aprendizagens desenvolvidas dentro dela são muito mais do que isso.

Dessa perspectiva é possível abordar as contradições presentes na relação entre os diversos componentes que conformam o sistema escolar, examinando, por um lado, a coerência interna de cada dimensão por meio da análise da relação entre o discurso e a prática, considerando que, por exemplo, em âmbito institucional, o regimento interno deve ser plasmado em fatos concretos relacionados com a divisão do trabalho no planejamento e gestão do centro educativo e na construção de sistemas e canais de comunicação concretos em que os participantes possam se expressar e participar plenamente.

Também podem ser consideradas as relações existentes entre os recursos didáticos adquiridos e os métodos pedagógicos planejados, ou entre os métodos pedagógicos e a distribuição do espaço e do tempo, buscando uma coerência dinâmica que possibilite unir os esforços individuais na busca de resultados educativos coletivos.

Sob esse aspecto, não só é possível analisar os componentes de cada dimensão, considerando a sua coerência interna, como também refletir sobre as mútuas influências que cada um exerce sobre os outros, e todos eles sobre o processo de aprendizagem, iluminando o currículo oculto da instituição.

A Figura 6.8 ilustra a complexidade do sistema escolar e algumas das múltiplas inter-relações existentes entre os diversos componentes do sistema de atividades da instituição. Como podemos ver, a dimensão institucional se apresenta como o contexto cultural no qual se desenvolve a aprendizagem.

Assim, há fatores que não são considerados de importância pedagógica, como o regimento interno, que constitui uma espécie de "constituição fundadora" da instituição escolar, que enumera os direitos e deveres dos membros da comunidade educativa, e é desconhecido e desconsiderado por gestores, professores, alunos e pais.

Da mesma forma, a divisão do trabalho na gestão do centro, e os mecanismos de comunicação interna e de participação social são considerados fundamentais na apropriação da cultura escolar, especialmente no que diz respeito à cidadania e à práxis social.

Nesse sentido, os alunos aprendem a respeitar e ser respeitados, a dialogar com as diferenças, a atuar com responsabilidade no exercício da cidadania. Isso significa levar em consideração as diferentes estruturas participativas e seus impactos na formação dos atores educativos.

Torna-se evidente que os resultados de aprendizagens construídos resultam não só dos conteúdos e métodos utilizados, mas também do regimento interno, do contrato pedagógico e dos valores e formas de comunicação utilizados na troca constante que acontece durante a atividade educativa; assim como da divisão do trabalho no planejamento e gestão da instituição,

Pedagogia e didática ambiental | 153

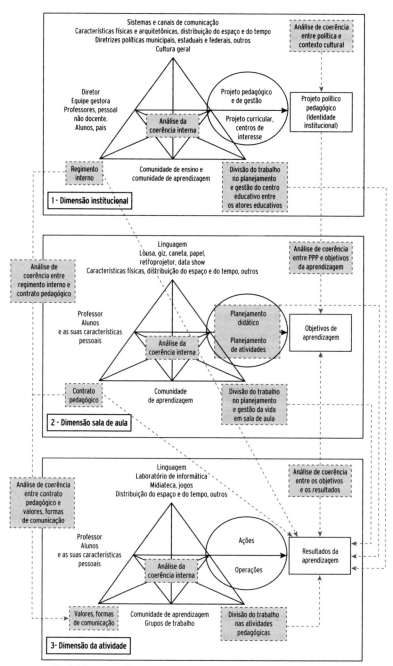

Figura 6.8: Articulação entre dimensões institucional, sala de aula e atividade educativa.
PPP = Projeto político pedagógico.

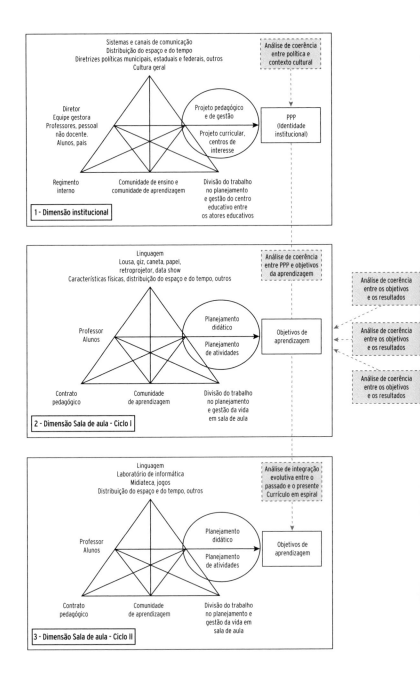

Figura 6.9: Sistema de atividades escolares. *(continua)*

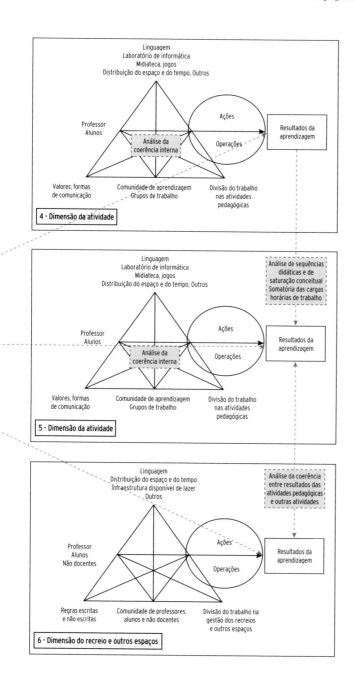

Figura 6.9: Sistema de atividades escolares. *(continuação)*
Fonte: Adaptado de Engeström (1987).

da sala de aula e das atividades, e da coerência entre o planejamento educativo e os objetivos de aprendizagem, entre outros.

Fica claro que cada uma das decisões tomadas na escola, tanto na dimensão institucional como na sala de aula, ou nas atividades educativas, constitui um elo do processo de aprendizagem, que como já colocamos, pode estar em consonância com o rumo geral (identidade) construído pelos participantes, ou pode coexistir numa ecologia da incomunicação, de forma desarmônica, incoerente e caótica, dividindo esforços e colaborando com o fracasso escolar.

Esse olhar também possibilita uma visão de conjunto das diversas atividades educativas planejadas e desenvolvidas, sejam de um mesmo professor, na análise de sequências didáticas, na consideração do processo de ensino e aprendizagem de uma perspectiva temporal; ou de professores de diversas áreas do conhecimento na busca de articulação interdisciplinar, na abordagem da complexidade do mundo. Ao mesmo tempo, possibilita realizar uma análise de saturação conceitual, no exame das cargas horárias de trabalhos extraclasse, com vistas a evitar que mesmo as atividades mais interessantes se convertam em tarefas a cumprir.

Por outro lado, esse modelo colabora na construção de currículos em espiral, por meio da análise de sequências didáticas entre as séries que compõem o currículo escolar, facilitando o trânsito do aluno e a construção do conhecimento por meio de aproximações sucessivas aos objetos de estudo.

Ao mesmo tempo, fica em evidência, como podemos observar na Figura 6.9, que os resultados da aprendizagem escolar também são influenciados por atividades aparentemente não acadêmicas, como as de lazer no recreio e nos tempos livres, nos esportes etc; atividades nas quais põem-se em jogo numerosas dimensões do ser, valores, afetos, visões de mundo, da cultura, formas de comunicação, entre outras.

Essa visão complexa reclama uma nova concepção de escola, de sala de aula e de atividade educativa, assim como uma nova percepção da relação entre o contexto e a escola mesma. Uma escola entendida como um permanente "sendo", produto dos conflitos entre a tradição e a mudança que criam tensões, permanentemente, à cultura escolar.

Reflexões finais

A educação ambiental, parafraseando Bruner, não pode ser entendida como uma tarefa técnica de processamento de informação ecológica bem organizada, muito menos como uma questão de simplesmente inserir novos conteúdos curriculares ou de aplicar métodos de projetos e alternativas de articulação interdisciplinar em sala de aula. Deveria ser um empreendimento complexo no sentido de "adaptar uma cultura às necessidades dos seus membros e de adaptar aos seus membros e às suas formas de conhecer as necessidades da cultura" (Bruner, 2000, p. 62).

Podemos elencar os conceitos que configuram o eixo central do discurso da educação ambiental, por exemplo: o resgate da complexidade, das interdependências, da dinâmica e da busca pela totalidade; a superação da visão dicotômica de mundo, da certeza do conhecimento e seu objetivo de dominação – da natureza e dos homens –, do conhecimento descritivo-explicativo na busca pela compreensão do mundo que habitam; o resgate da íntima relação entre o sujeito e o seu ambiente, da construção de novas aproximações culturais e novos valores. Porém, é curioso observar que estes mesmos conceitos não se aplicam à análise da educação, do sistema educativo, da educação ambiental, da unidade escolar, do processo de ensino e aprendizagem e, com muita sorte, só se restringem à análise dos fatores socioambientais presentes no conteúdo curricular.

Dessa forma, apesar de encarnar uma nova visão de mundo, a educação ambiental ao reduzir o ambiente aos seus componentes naturais, a compreensão às visões sistêmicas e a educação à transmissão de conteúdos; não representa a nova visão de educação necessária para potencializar a transformação que propõe.

A relação educação-ambiente constitui a essência de uma transformação que impacta não só na consideração da complexidade do mundo, mas também na consideração do sujeito como totalidade, na importância dos outros na constituição do psiquismo humano e na construção da identidade, nos estilos de pensamento e nos valores e sentimentos; e também no processo de ensino-aprendizagem, situando as atividades educativas numa narrativa de sentido, que promove o enriquecimento do ser e a transformação da realidade.

A educação ambiental, ao considerar a escola e o processo educativo como totalidades, abre vias para uma transformação profunda da educação atual, superando o planejamento "de remendo", na busca de coerência entre o que se diz e o que se faz; uma educação em tempo presente, em que se experimentam os conhecimentos, habilidades e valores necessários para a construção de uma sociedade sustentável.

Por isso, acreditamos que é muito mais valioso partir da própria prática educativa e reconstruí-la, do que conceber um *corpus* teórico como um campo descontextualizado do processo educativo em si mesmo e tentar impô-lo como o remédio a todos os nossos males. Entendemos que a educação transita naturalmente até a sua ambientalização, reestruturando-se a si mesma em função da dinâmica da sua própria complexidade e da complexidade ambiental, em todas as suas manifestações: sociais, econômicas, políticas e culturais.

Os aportes que mencionamos ao longo deste trabalho vêm perfilando um movimento sócio-histórico de diálogo de saberes e forças sociais que refletem um processo de mudança em marcha, um processo que se abre ao reconhecimento da complexidade do processo de ensino-aprendizagem, do sistema educativo, da escola, da sala de aula e das atividades pedagógicas; considerando a multirreferencialidade dos fenômenos e o ser como totalidade.

Um processo que começa a potencializar os modelos contextuais que, longe de enxergar as relações pedagógicas e sociais no vazio, ou em contextos que operam como variáveis independentes, enxergam estas relações como totalidades reflexivas, por meio do conceito de "interdefinibilidade" (García, 1994), no qual cada elemento é definido pela sua relação com outras partes e com o todo que lhe confere sentido, e não pelas suas características individuais.

Um processo que problematiza a educação em relação às demandas e características que o contexto cultural apresenta. Isso significa pensar nas múltiplas dimensões que entram em cena no ato educativo, a dimensão institucional, cultural, política, pedagógica, didática, curricular, contextual, entre outras.

Por isso, podemos afirmar que a educação ambiental é o resultado do diálogo entre a educação e as demandas, e as características do seu contexto histórico. Uma educação que renova a compreensão que temos da escola, do professor, do aluno e da cidadania. Uma nova visão de educação, uma forma de pensar a educação que reconhece a escola como um complexo e dinâmico sistema constituído por um conjunto de processos e trocas que vão muito além da simples transmissão de informação que acontece nas salas de aula.

Dessa perspectiva, a ambientalização da educação pode ser entendida a partir da análise de três eixos fundamentais: o epistemológico, que envolve os conteúdos, áreas disciplinares, e a definição de tipos de conhecimento; o pedagógico, que define o sujeito educativo, como se aprende, como se ensina e as estruturas das propostas didáticas; e o organizacional, que se refere à estrutura acadêmica, à instituição e ao governo escolar.

A educação ambiental, sob esse ponto de vista, significa o reconhecimento da complexidade, das interdependências, da dinâmica, da totalidade e do resgate da íntima relação entre o sujeito e o seu ambiente; o que resulta de uma visão de educação que reconhece a escola como um complexo e dinâmico sistema, constituído por um conjunto de processos e trocas que vão muito além da simples transmissão de informação que acontece nas salas de aula.

A escola, nesse sentido, é um permanente "sendo"; uma escola viva, dinâmica e interativa; como resultado das interpretações, das trocas, dos conflitos, dos sonhos dos participantes e dos desafios que os contextos sociais, ambientais e culturais apresentam em cada momento histórico. Um processo inacabado e em permanente processo de construção.

O QUE ENSINAR?

Os problemas socioambientais que deram origem à EA são produto da cultura e da visão de mundo que dela emanam, e ao mesmo tempo representam uma manifestação do "mal-estar dessa cultura" e da crise existencial que o homem moderno atravessa.

Uma cultura na qual confluem demandas originárias da sociedade da informação e do conhecimento, da crise socioambiental e da crise educativa. Uma cultura que se manifesta no modelo de organização social que, como tem anunciado o Programa das Nações Unidas para o Desenvolvimento, tem gerado um crescimento econômico defeituoso, um crescimento sem emprego, sem raízes, sem equidade e sem futuro para a grande maioria da população mundial.

Por isso, insistimos que não é unicamente por meio da incorporação de conteúdos ecológicos que vamos alcançar a formação de um sujeito que promova a cultura da sustentabilidade e se engaje na defesa de um novo modelo de organização social. Um modelo que colabore na superação da crise existencial, caracterizada por: perda da humanidade, do amor, do ser, da alma, hipocrisia, engano, ganância, egoísmo, individualismo, solidão, perda do sentido da vida, pensamento cego, reducionismo, simplificação e ignorância.

Se partilharmos a posição de Baudrillard (1991) que no consumo estão baseadas as novas relações estabelecidas entre os objetos e os sujeitos, e a partir dele as pessoas constroem a sua identidade social, não é pela simples transmissão de informação ecológica que vamos poder adentrar na cultura com o objetivo de reconstruí-la. Entendemos que sem penetrar no plano simbólico, na associação consumo-felicidade, no hedonismo e sua busca incessante de prazer como o fim último da vida, no sucesso entendido como a conquista de privilégios acima do coletivo social, no repúdio às diferenças, não podemos construir alternativas reais para a constituição de uma nova identidade cidadã.

Deixar de jogar lixo no chão, consumir menos água e energia e comprar produtos sustentáveis são condições necessárias, mas não suficientes para transformar a sociedade depredadora numa sociedade sustentável. Por isso, autores como Leff alertam há mais de dez anos que essa crise, mais do que ecológica, é uma crise do estilo de pensamento e de valores que sustentam a sociedade moderna, ou seja, uma crise cultural.

Isso nos leva a questionar que tipo de educação ambiental estamos desenvolvendo e se ela realmente constitui uma alternativa para a reconstrução cultural do tecido social. No seu livro *Teaching as a subversive activity*, Postman e Weingartner diziam, em 1969, que a escola estava ensinando conceitos "fora de foco", em vez de preparar o aluno para viver em uma sociedade dinâmica, na qual é cada vez mais rápida a mudança de conceitos, valores e tecnologias, a escola ensina:

- O conceito de *"verdade" absoluta, fixa, imutável*, em particular de uma perspectiva polarizadora do tipo boa ou má.
- O conceito de *certeza*. Existe sempre uma e somente uma resposta "certa", e é absolutamente "certa".
- O conceito de *entidade isolada*, ou seja, "A" é simplesmente "A" e ponto final, de uma vez por todas.
- O conceito de *estados e "coisas" fixo*, com a concepção implícita de que quando se sabe o nome, se entende a "coisa".
- O conceito de *causalidade simples, única, mecânica*; a ideia de que cada efeito é o resultado de uma só, facilmente identificável, causa.
- O conceito de que *diferenças* existem somente em formas paralelas e opostas: bom-ruim, certo-errado, sim-não, curto-comprido, para cima-para baixo etc.
- O conceito de que o *conhecimento é "transmitido"*, que emana de uma autoridade superior, e deve ser aceito sem questionamento (Postman e Weingartner, 1969).

Segundo Postman e Weingartner, esse tipo de educação encontrava-se na contramão de um futuro que eles, em 1969, já identificavam como em profunda transformação, já que o produto educativo desse estilo educativo resultaria na formação de pessoas passivas, dogmáticas, autoritárias, inflexíveis e conservadoras, que resistiriam às mudanças para manter intacta a ilusão de certeza.

Segundo esses pensadores, a realidade demandava a formação de um novo tipo de homem, com personalidade inquisitiva, flexível, criativa, inovadora, tolerante e liberal, que pudesse enfrentar a incerteza e a ambiguidade sem se perder, e que construísse novos e viáveis significados para encarar as ameaçadoras mudanças ambientais. E para isso, eles entendiam que deviam ser ensinados conceitos como relatividade, probabilidade, incerteza, função, causalidade múltipla, relações não simétricas, graus de diferença e incongruência.

Hoje, ponderando o tamanho dos desafios do presente, essa visão ficou modesta e percebemos que é necessário muito mais que isso. O tipo de homem que a realidade atual demanda, além de uma personalidade inquisitiva, flexível, criativa, inovadora e tolerante, com capacidade de enfrentar a incerteza e construir novos significados deve ser também crítico, reflexivo, focado no ser, na importância da coletividade, no resgate dos valores humanos, no engajamento social na vida pública, na participação com responsabilidade em todas as esferas da cidadania, com capacidades para processar grandes quantidades de informação, de leitura crítica, de interpretação, de aprender a aprender, e de utilizar todo o potencial que oferecem as tecnologias de informação e comunicação. Para isso, entendemos que a escola deve ensinar, além dos conceitos assinalados por Postman e Weingartner, entre outros, os conceitos, valores e competências de:

Felicidade: uma das principais mensagens veiculadas pelos meios de comunicação é a associação entre consumo e felicidade. A ideia de que por meio da aquisição de determinados produtos as pessoas conseguirão ser felizes é bastante incentivada e adotada por nossa sociedade. Na sociedade atual importa mais que tudo a imagem, a aparência, a exibição.

> Importa mais do que tudo a imagem, a aparência, a exibição. A ostentação do consumo vale mais que o próprio consumo. O reino do capital fictício atinge o máximo de amplitude ao exigir que a vida se torne ficção de vida. A alienação do ser toma o lugar do próprio ser. A aparência se impõe por cima da existência. Parecer é mais importante do que ser. (Gorender, 1999 apud Lyra, 2001)

Nesse sentido, faz-se imprescindível que a escola construa uma cultura e experiências de aprendizagem que permitam aos alunos compreender que a felicidade não está determinada pelo que consumimos, mas pelo que sabemos, pela nossa criatividade, pelo nosso capital intelectual, pelos nossos afetos, entre outros. Ou seja, pelo que somos e não pelo que temos.

Sucesso: outra das mensagens difundidas pela cultura atual, associada ao conceito de felicidade, tem a ver com o sucesso, entendido por meio de uma visão claramente mercantilista que promove a competitividade e a busca frenética pelo êxito econômico, que busca a vitória, a fortuna e a prosperidade pessoal como meio para alcançar privilégios sobre os coletivos sociais e assim alcançar o paraíso dos consumistas, e a suposta felicidade. Uma visão individualista que, levada ao seu extremo, impõe uma ética maquiavélica na qual tudo vale e os fins justificam os meios.

Identidade e alteridade: tentando desconstruir a perspectiva do "eu egoísta e individualista", característica da sociedade neoliberal, e avançando na construção do entendimento do conceito de alteridade, numa dialética entre (si mesmo) e os (outros), uma perspectiva que avança na busca do outro, ressaltando a importância das dinâmicas sociais, do diálogo e da comunidade na construção da identidade.

Antropocentrismo e biocentrismo: superando a crença de que os seres humanos são biologicamente superiores ao resto das espécies viventes e que podemos sobreviver sem elas. O biocentrismo dá uma lição de humildade às sociedades humanas, contemplando a complexa teia da vida e o cosmos; enquanto o antropocentrismo, a visão dominante da cultura atual, coloca o foco na sociedade humana, com seus claros complexos de superioridade por sobre as outras formas de vida. Isso evoca uma alteridade que vai muito além do social e nos coloca em contato com o ecossistema do qual somos parte integrante, ou por acaso a identidade individual e social também não é produto de relações ecossistêmicas?

Crescimento econômico: compreendendo que a natureza é limitada e não pode prover recursos ilimitados ao ser humano para alimentar o crescimento econômico. Isso significa questionar profundamente parte do discurso manifesto em conceitos como consumo sustentável e crescimento econômico ambientalmente sustentável, um discurso elaborado para manter o *status quo* social; um mundo para ser "vivido" por poucos e "sobrevivido" por muitos. Se o consumo de recursos naturais já supera em 30% por ano a capacidade do planeta de regenerá-los, e ainda assim 40% dos habitantes do mundo lutam pela sua sobrevivência; se um por cento da população mundial detém 40% das riquezas do planeta, certamente não é o crescimento econômico que tirará as pessoas da pobreza, mas a mudança na distribuição da riqueza, a mudança do modelo de desenvolvimento escandaloso que vivemos.

Cidadania e participação: a única forma de construir uma alternativa socioambiental viável é construindo uma nova sociedade, por meio da participação engajada dos cidadãos. Estamos falando de um novo conceito de cidadania que vai muito além do simples exercício do voto, um conceito que se expande pelas diversas esferas: uma esfera de participação comunitária, considerando novas formas de ação coletiva na sociedade civil; uma esfera de participação na sociedade da informação, que podemos chamar de cidadania informativa; uma esfera do mercado, onde recai a cidadania do consumidor; entre outras.

Neutralidade da informação e o conhecimento: para que as pessoas possam exercer em plenitude qualquer esfera da cidadania necessitam estar bem informadas, para isso faz-se imprescindível desvelar a suposta neutralidade e objetividade do conhecimento. O positivismo tem criado uma imagem de neutralidade e objetividade não só do conhecimento, mas também da observação empírica, da informação. Sem questionar esta suposta neutralidade, não há possibilidades de exercer a cidadania informada.

Leitura crítica: tentando superar o engano e o pensamento único impulsionado pela mídia por meio do desenvolvimento de capacidades de interpretação da informação, com o claro objetivo de formar uma opinião e sobre ela poder tomar decisões bem informadas.

Cibercultura e inteligência coletiva: ou seja, colaborar na transição de uma cultura centralizadora na qual as pessoas consomem conhecimento elaborado por outros, para uma cultura colaborativa em que todos participam da construção do conhecimento, colocando em comum a memória, a imaginação e a experiência, aprendendo a se comunicar por meio de novas formas, flexíveis e, em tempo real, de organização e coordenação.

Diálogo: resgatando a importância dos "outros" na relação de aprendizagem, já que é a partir da troca mútua e do diálogo que se constrói e reconstrói o conhecimento. O conhecimento humano é essencialmente coletivo, e a vida social é fundamental na criação e no desenvolvimento do conhecimento.

Estilo de pensamento compreensivo: na sociedade da informação e do conhecimento os alunos necessitam aprender a relacionar a grande quantidade de informação fragmentária que recebem e que acabam por não entender. A escola necessita ensinar a reconstruir o quebra-cabeça informativo para que a partir daí o aluno possa construir conhecimento, ou seja, compreender o significado das coisas.

Além de outros não menos importantes, como determinismo tecnológico, globalização, liberdade, amor, sonhos, respeito, cultura, pobreza, direitos humanos, entre outros.

Como podemos observar, a formação de pessoas que possam exercer uma cidadania ambiental, que colabore na construção de uma sociedade sustentável, vai muito além da inserção de temas e conteúdos ecológicos na escola, abrangendo o sujeito como totalidade, superando as dimensões puramente conceituais da educação tradicional. O desenvolvimento conceitual não é visto nessa perspectiva como um empreendimento puramente cognitivo, mas sim que envolve as reações emocionais, dado que apresenta as diversas alternativas e exerce a sua capacidade de escolha, uma tomada de decisão de natureza moral.

Também não é por meio da somatória de conteúdos de diversas áreas de conhecimento que vamos conseguir abordar a complexidade da realidade, faz-se necessário problematizar cada área de conhecimento, os modelos descritivos e explicativos, as raízes valorativas de cada um e a sua contribuição na compreensão do mundo em que vivemos.

Por outro lado, é necessário questionar profundamente os conteúdos escolares, "abstratos, declarativos, descontextualizados, escassamente úteis, e pouco motivadores" (Díaz Barriga e Hernández, 2002, p. 3) que a escola apresenta aos alunos. Entendemos que, como Perrenoud já tem anunciado, o currículo tem um limite, não é infinito, permitindo somar e somar conteúdos, ano a ano, fazendo de conta que se ensina e que se aprende.

Assim, a reforma curricular tem de considerar a variável tempo no seu planejamento. Não se trata do que achamos que o aluno deveria conhecer, mas do que é possível conhecer no tempo disponível. Queremos ensinar tanto que terminamos saturando professores e alunos, e estes últimos terminam sem aprender muita coisa, principalmente a ler e escrever. Trata-se de analisar a relevância cultural dos conteúdos e priorizar em função desta os que são mais importantes para a vida de cada comunidade.

COMO ENSINAR

Mas o que é ainda mais intrigante na educação ambiental é que, apesar do seu discurso, o sujeito educativo continua sendo reduzido à sua dimensão cognitiva, a educação aos conteúdos, os conteúdos às informações, o ensino à transmissão de informações, os métodos à busca das formas mais eficientes de transmitir informações, e medição da aprendizagem à lembrança de informações.

Assim, apesar de incorporar conteúdos ecológicos, e alcançar um nível mais elevado de informação, em relação aos problemas ambientais e ao funcionamento do ecossistema, a escola continua formando, como Becker (2001) coloca, alunos que aprenderam a silenciar, a se resignar e a não reivindicar coisa alguma.

Muitos autores já alertaram sobre os métodos passivos da transmissão de informação e sobre o risco de tentar ensinar conceitos de forma direta, resultando na formação de sujeitos passivos que não aprenderam os conceitos, só a sua verbalização. Métodos que fortalecem o individualismo e o pensamento empírico, dicotômico, descritivo, simplificador e classificatório. Uma educação que esquece que forma e conteúdo, como diz Pozo (1996), são as duas caras da mesma moeda.

O problema é que estamos diante de uma escola que só fornece informação, mas que não ensina como relacioná-la, compreendê-la, interpretá-la, questioná-la ou valorizá-la do ponto de vista ético, aprisionando os alunos num mundo estático e sem sentido.

Dessa perspectiva, é urgente questionar a consciência ingênua de professores que acham que a contribuição da educação para a construção de uma sociedade sustentável se realiza por meio da incorporação de conteúdos nos currículos, sejam estes interdisciplinares ou não. É importante começar a considerar que o ensino possui um papel essencial no desenvolvimento mental dos alunos.

Assim, o conceito de conhecimento se abre para a consideração dos reflexos psíquicos da realidade, mas também aos processos mentais utilizados para construí-los. Ou seja, "o ensino propicia a apropriação da cultura, mas ao mesmo tempo o desenvolvimento do pensamento" (Davydov, 1988, p. 21).

Dessa forma, a educação ambiental tenta superar o pensamento cego (Morin, 1998b), descritivo-explicativo, sobre o qual tem-se erigido a cultura depredadora, e colaborar na construção de um pensamento crítico, significativo, compreensivo, interpretativo, dinâmico, reflexivo e comprometido com a realidade.

Os métodos educativos são fundamentais se considerarmos que o conhecimento é produto de um processo ativo, de uma atividade considerada não como algo suplementar da aula magistral, mas como o eixo central da constituição do psiquismo do aluno e dos seus estilos de pensamento de Leontiev (1994). Como já vimos é só a partir da práxis que se torna possível falar de conhecimento, ou seja, por meio da dimensão prática da atividade é que os sujeitos podem se apropriar do ambiente cultural ao qual pertencem.

Uma atividade que vai muito além de uma simples ação educativa, que os alunos realizam de forma rotineira e mecânica e que recupera os sujeitos como totalidade, a motivação, os contextos de atuação, a comunidade de aprendizagem e as trocas desta, superando a individualidade e potencializando o diálogo, os valores, afetos e formas de comunicação envolvidas, a divisão do trabalho entre os membros, os objetivos a alcançar e as ações e operações necessárias para isso, e os mediadores utilizados. Uma perspectiva na qual se reexaminam as relações entre cognição e contexto e entre aprendizagem e produção de conhecimento, como Daniels (2003) sinaliza.

Uma atividade elaborada de uma perspectiva teórica que reconhece que o conhecimento é um produto contextual e situado; é parte e produto da atividade dos indivíduos, o contexto e a cultura na qual se desenvolve e se utiliza. Uma atividade que garante uma interação entre indivíduos, possibilitando não só a construção conjunta e coletiva de conhecimentos, mediante a negociação mútua de significados que se promovem nas atividades colaborativas, cooperativas e recíprocas, mas, ao mesmo tempo, a constituição da identidade individual e coletiva da escola.

Uma atividade que envolve ainda uma dimensão fundamental na construção de alternativas educativas, os afetos; emoções que são parte integrante de qualquer ação humana e que especificam os domínios de ação nos quais nos movemos.

Evidentemente essa perspectiva exige um planejamento pedagógico e didático mais detalhado, construindo estruturas conceituais integradas, não só de forma horizontal, na busca da interdisciplinaridade, mas também de forma vertical, facilitando o trânsito dos alunos ao longo do tempo e seu avanço nas diversas aproximações sucessivas aos objetos de estudo.

Entendemos que não se alcança a construção de uma verdadeira alternativa educativa só com boa vontade, isso não significa de modo algum engessar a prática ou impor, em uma sociedade com diversas demandas de aprendizagens, um único método para responder a todas as questões, mas construir planos que atuem como guias de atuação consistentes, que possibilitem não só uma ação mais coerente e fundamentada, mas também uma avaliação da ação para superar o império da improvisação, dando origem ao professor reflexivo, que aprende com sua própria prática e com a prática coletiva em uma comunidade de ensino.

COMO ORGANIZAR O ENSINO

Por último, faz-se imprescindível considerar o ambiente escolar como componente fundamental do processo de aprendizagem. Como já foi dito anteriormente, se a realidade não é externa ao sujeito, mas uma construção resultante da interação sujeito e ambiente, podemos entender que a cultura e os processos cognitivos são indissociáveis, os significados têm um caráter situado, e é isso que garante a sua negociabilidade e a sua dinâmica histórico-social.

A instituição e as salas de aula, nesse sentido, são muito mais do que espaços que contêm fisicamente as relações entre professores e alunos. A organização do ensino e o governo escolar, assim como os métodos, também são conteúdos.

As escolas, bem como as salas de aula, são como pequenas sociedades, nas quais os alunos pensam, sentem e atuam de modo diferente do que quando se encontram sozinhos, isolados. Isso significa reconhecer que os alunos aprendem não só como consequência da transmissão de informação dos professores, mas também como consequência das vivências que experimentam por meio das interações sociais que acontecem na escola e nas salas de aula. E, segundo Vygotsky (1993), graças a estas interações entre o indivíduo biológico, os artefatos culturais e o ambiente natural e social, desenvolvem-se os processos psicológicos superiores.

As escolas e as salas de aula são "espaços intersubjetivos", segundo Bruner (1988), onde acontecem as interações sociais; espaços onde professores e alunos interagem e constroem conhecimentos, afetos, valores e representações sociais muitas vezes não escritos, e ainda pior, não buscados, ou contraditórios com os objetivos planejados.

Por isso, a gestão escolar deve superar a gestão autoritária, herdada do modelo positivista, que, apesar de no discurso promover a democracia escolar, tem um modelo político de gestão diretivo, que criminaliza a chamada indisciplina para manter a ordem imposta. Estamos na busca de uma organização que supere a hipocrisia e as enormes distâncias entre os discursos educativos, entre o que se diz e as práticas desenvolvidas.

Uma escola em "tempo presente" e não "futuro", que não busque a preparação dos alunos para o futuro exercício da cidadania, mas que os envolva numa cultura democrática que os faça vivenciar a cidadania todos os dias. Um modelo democrático no qual os alunos são sujeitos com voz e voto, com responsabilidades, mas também com direitos; um modelo onde os alunos e professores valem pelo que são como pessoas; onde se aprende a praticar o diálogo e o respeito pelas diferenças.

A proposta de resgatar a instituição escolar a partir de uma visão reticular sugere ler a rede de relações que ali é gerada, como espaço de reflexão e de mudança. Isso permitirá pensar a instituição como um espaço com força instituinte e superar as visões reprodutivistas, para promover inovações à política educativa com uma racionalidade alternativa, ambiental.

No Brasil, a gestação de uma nova identidade para a escola impõe que se criem condições para o estabelecimento de um convívio intenso, autêntico e criativo entre todos os elementos da comunidade escolar. Ou seja, é preciso que a escola seja um ambiente onde crianças e adultos vivenciem experiências verdadeiramente democráticas.

Assim, o ambiente converte-se, por um lado, em objeto de estudo de diversas disciplinas, enquanto, por outro, apresenta-se como o contexto onde são ressignificados os seus conteúdos, motivando os alunos para a aprendizagem de diversos conhecimentos, intervindo, estejamos cientes ou não, no processo de aprendizagem e simultaneamente no repertório de elementos que, pela regularidade, vão formando nossas representações de mundo, formando nosso senso comum, aquele que governa nossas condutas cotidianas, que por ação ou omissão degradam o ambiente e a qualidade de vida das pessoas.

A escola, vista como ecossistema, possibilita a construção de uma verdadeira comunidade de aprendizagem, uma organização que aprende da sua própria prática.

Referências

ABRANCHES, M. *Colegiado escolar: espaço de participação da comunidade*. São Paulo: Cortez, 2003.

ADORNO, T.W.; HORKHEIMER, M. *Dialética do esclarecimento: fragmentos filosófico*. Trad. Guido Antônio de Almeida. Rio de Janeiro: Zahar, 1985.

AGÊNCIA FOLHA. Crianças moem giz e brincam de traficante em escola de Sapucaia do Sul (RS). Graciliano Rocha. *Agência Folha de Porto Alegre*. 23/10/2009. Disponível em: http://www1.folha.uol.com.br/folha/educacao/ult305u642187.shtml. Acessado em: 18/03/2010.

[AIR] AMERICAN INSTITUTES FOR RESEARCH. Disponível em: http://www.pewtrusts.com/ideas. Acessado em: 25/02/2006.

AIRES ALMEIDA. *Filosofia e ciências da natureza: alguns elementos históricos*. Faculdade de Filosofia e Letras, Universidade Federal de Santa Catarina, 2001. Disponível em: http://www.cfh.ufsc.br/~wfil/aires.htm. Acessado em: 14/1/2010.

ALARCÃO, I. *Professores reflexivos em uma escola reflexiva*. São Paulo: Cortez, 2003.

ALVAREZ, A. ALVARENGA, A. FIEDLER-FERRARA, N. The transforming encounter in homeless people in São Paulo city. *Revista de Psicol. Soc.* Porto Alegre, v. 16, n. 3, 2004. Disponivel em: http://www.scielo.br/scielo.php?script=sci_arttext&pid=S0102-71822 004000300007&lng=en&nrm=iso. Acessado em: 26/08/2009.

ÁLVAREZ, A.; DEL RÍO, P. Educación y desarrollo: la teoría de Vygotsky y la Zona de Desarrollo Próximo. In: COLL, C.; PALACIOS, J.; MARCHESI, A. (Comps.). *Desarrollo psicológico y educación*. Vol. II. Madrid: Alianza, 1990.

ALVES, M.E.; TEIXEIRA, A. Herbert Marcuse e a Teoria Crítica. *Revista Científica Eletrônica de Psicologia*, ano IV, n. 6, maio de 2006. Disponível em: http://www.revista.inf.br/psicologia06/pages/artigos/psic-edic06-anoiii-art04.pdf. Acessado em: 16/1/2010.

AUSUBEL, D.P.; NOVAK, J.D.; HANESIAN, H. *Psicologia educacional*. Rio de Janeiro: Interamericana, 1980.

BAEZA, M. *De las metodologías cualitativas en investigación científico social. Diseño y uso de instrumentos en la producción de sentido*. Concepción: Editorial de la Universidad de Concepción, 2002.

BAGGIO, A.; ORTH, M.R.B. *Crise paradigmática: complexidade na orientação educacional*. Erechim: Edifapes, 2001.

BALLONE G.J. Violência e Saúde. In: *PsiqWeb*. 2003. Disponível em: http://gballone.sites.uol.com.br/temas/violen_inde.html. Acessado em: 29/08/2009.

BANDURA, A. *Social foundations of thought and action: a social cognitive theory*. Englewood Cliffs: Prentice-Hall, 1986.

BARRERO GONZÁLEZ, N.; REYES REBOLLO, M.M. Enfoque multimedia de los programas metacognitivos de lectura: tecnología educativa en la práctica. *Revista de medios y educación*, n.15. Sevilha: Universidad de Sevilla, 2000.

BARUCO, C. Neoliberalismo, Consenso e Pós-Consenso de Washington : a primazia da estabilidade monetária. *X Encontro Nacional de Economia Política*, 2005. Sociedade Brasileira de Economia Política. FEA-USP. Disponível em: http://www.sep.org.br/artigo/xcongresso74.pdf. Acessado em: 20/02/2010.

BAUDRILLARD, J. *A Sociedade de consumo*. Lisboa: Edições 70, 1991.

_____. *O sistema dos objetos*. São Paulo: Perspectiva, 1993.

BECK, U. *La sociedad de riesgo*. Buenos Aires: Ediciones Paidos, 1998.

BECKER, F. *A epistemologia do professor: o cotidiano da escola*. 7.ed. Petrópolis: Vozes, 1993.

_____. *Educação e construção do conhecimento*. Porto Alegre: Artmed, 2001.

BIANCHINI, T. *La educación ambiental y la hipótesis Gaia, en serie de documentos especiales*. Bogotá: Ministerio de Educación Nacional, Educación Ambiental, 1995.

BIFANI. P. *Medio Ambiente y Desarrollo*. Guadalajara: Jalisco/Universidad de Guadalajara, 1997.

BOBBIO, N. *Igualdade e liberdade*. 3.ed. Rio de Janeiro: Ediouro, 1997.

BOTH, L. *A violência na escola e os caminhos da negociação e repressão*. 2008. Disponível em: http://www.pucpr.br/eventos/educere/educere2008/anais/pdf/174_635.pdf. Acessado em: 3/09/2009.

BOWLES, S.; GINTIS, H. *La institución escolar en la América capitalista*. Madrid: Siglo XXI, 1985.

BRASIL. Lei n. 9.795, de 27.04.1999. Disponível em: http://www.planalto.gov.br/ccivil_03/Leis/L9795.htm. Acessado em: 07/06/2009.

BRUNER, J. *Desarrollo cognitivo y educación*. Madrid: Morata, 1988.

_____. *Acts of meaning*. Cambridge, MA: Harvard Univ. Press., 1991.

_____. *La educación, puerta de la cultura*. 3.ed. Madrid: Visor, 2000. (Col. Aprendizaje)

BYRNE, G.J.A. What happens to anxiety disorders in later life. *Rev Bras Psiq*uiatr, v. 2, n. 24 (Supl I), 2002.

CANDAU, V.M. Formação continuada de professores: tendências atuais. In: REALI, A.M.M.R.; MIZUKAMI, M.G.N. (Org.). *Formação de professores: tendências atuais*. São Carlos: Edufscar, 1996.

CAPRA, F. A concepção sistêmica da vida. In: _____. *O ponto de mutação: a ciência, a sociedade e a cultura emergente*. 25.ed. São Paulo: Cultrix, 1982.

CAPRA, F. *O ponto de mutação: a ciência, a sociedade e a cultura emergente*. 25. ed. São Paulo: Cultrix, 1982. 447 p.

CARR, W.; KEMMIS, S. *Teoría crítica de la enseñanza*. Barcelona: Ediciones Martínez Roca, 1988.

CARRETERO, M. *Constructivismo y Educación*. 2 ed. México: Edelvives, 1993.

CARVALHO, I. Em Direção ao Mundo da Vida: Interdisciplinaridade e Educação Ambiental. *Cadernos de Educação Ambiental*. Brasília: IPÊ - Instituto de Pesquisas Ecológicas, 1998. Disponível em: http://www.ambiente.sp.gov.br/EA/publicacoes/didatico.pdf. Acessado em: 18/01/2010.

CASTELLS, M. *A Sociedade em Rede. A Era da informação: economia, sociedade e cultura*. 3. ed. São Paulo: Paz e Terra, 1999, vol. 1.

[CEPAL] COMISIÓN ECONÓMICA PARA AMÉRICA LATINA. Panorama social de América Latina. 2005. Disponível em: http://www.cepal.org/publicaciones/xml/4/23024/PSE2005_Cap1_Pobreza.pdf. Acessado em: 12/10/2006.

CERRONI, U. *El pensamiento de Marx*. Barcelona: Ediciones del Serbal, 1980.

CHOMSKY, N. Dix Stratégies de manipulation à travers les média. Les Cahiers de Psychologie politique [En ligne], n. 18, Janvier. Disponível em: http://lodel.irevues.inist.fr/cahierspsychologiepolitique/index.php?id=1805. Acessado em: 01/03/2011.

COIMBRA MARTINS, L. Desenvolvimento Moral: Considerações Teóricas a Partir de uma Abordagem Sociocultural Construtivista. *Psicologia: Teoria e Pesquisa*. Mai-Ago 2001, vol. 17, n. 2, p. 169-176.

COLE, M. *Psicología cultural*. Madri: Morata, 1999.

COLL, C.; PALÁCIOS, J.; MARCHESI, A. *Desenvolvimento Psicológico e Educação*. vol. 2. Porto Alegre: Artmed, 1996.

COLLYNS, Dan. Peru reprova 99% dos professores do ensino público. *Folha de S. Paulo*, 18/03/2008. Disponível em: http://www1.folha.uol.com.br/folha/bbc/ult272u382998.shtml. Acessado em: 18/03/2008.

CUBERO, M.; SANTAMARÍA, A. Una visión social y cultural del desarrollo humano. *Infancia y Aprendizaje*. n. 35, 1992, p. 17-30.

DANIELS H. *Vygotsky e a pedagogia*. São Paulo: Edições Loyola, 2003.

DAVYDOV, V.V. *Problems of developmental teaching. The experience of theoretical and experimental psychological research.* Nova York: Soviet Education, 1988.

_____. *La enseñanza escolar y el desarrollo psíquico*. Moscou: Editorial Progreso, 1988.

DECROLY, O.; BOON, G. Vers l' école rénovée – une première étape. Bruxelles, Office de publicité. Paris: Lebègue-Nathan, 1921.

_____. *Orientaciones Pedagógicas para el Grado de Transición. Ministerio de Educación Nacional. Dirección de Calidad para la Educación Preescolar, Básica y Media.* Bogotá, Colombia: Ministério de Educación Nacional, 2010, p. 80.

DEL GROSSI, M.E.; GRAZIANO DA SILVA, J.; TAKAGI, M. A evolução da pobreza no Brasil: 1995-99. In: XL Congresso Brasileiro de Economia e Sociologia Rural, 2002, Passo Fundo. Anais. Passo Fundo: Universidade de Passo Fundo e Sober, 2002, v. I, p. 125.

DERRY, S.; LEVIN, J.; SCHAUBLE, L. Stimulating Statistical Thinking Through Situated Simulations. *Teaching Psychology*. USA, v. 22, n. 1, fev. 1995, p. 51-57.

DESCARTES, R. *Regras para orientação do espírito*. Trad. Maria Ermantina Galvão. São Paulo: Martins Fontes, 1999.

DÍAZ BARRIGA, F. Cognición situada y estrategias para el aprendizaje significativo. *Revista Electrónica de Investigación Educativa.* 2003. Disponível em: http://redie.ens.uabc.mx/vol5no2/contenido-arceo.html. Acessado em: 15/05/2010.

DÍAZ BARRIGA, F.; HERNÁNDEZ, G. *Estrategias docentes para un aprendizaje significativo. Una interpretación constructivista.* 2.ed. México: McGraw Hill, 2002.

DICIONÁRIO MICHAELIS© 1998-2009. Disponível em: http://michaelis.uol.com.br/. Acessado em 17/05/2010.

DICIONÁRIO PALLADIUM. Disponível em: http://www.didacterion.com/esddlt.php. Acessado em: 28/10/2010.

DILTHEY, G. *Historia de la pedagogía*. Buenos Aires: Losada, 1968.

DOWBOR, L. *Os Novos Espaços do Conhecimento*. 1994. Disponível em: http://dowbor.org/conhec.asp. Acessado em: 03/11/2009.

_____. *Tecnologias do conhecimento: os desafios da educação*. 2001. Disponível em: http://dowbor.org/tecnconhec.asp. Acessado em: 13/11/2006.

ECHEVERRÍA, R. *El Búho de Minerva*. Santiago: Dolmen, 1997.

EDVINSSON, L.; MALONE, M.S. *Capital intelectual*. Trad. Roberto Galma. São Paulo: Makron Books, 1998.

ENGESTRÖM, Y. *Learning by expanding: an activity-theoretical approach to developmental research*. Helsinki: Orienta-Konsultit, 1987.

_____. Aprendizagem por expansão na prática: em busca de uma reconceituação a partir da teoria da atividade. *Cadernos de Educação Universidade Federal de Pelotas*, ano 11, n.19:31-64, jul/dez 2002.

[EPA] UNITED STATES ENVIRONMENTAL PROTECTION AGENCY. Disponível em: http://www.epa.gov/enviroed/index.html. Acessado em: 22/04/2008.

EVANGELISTA, E.S.G. Razão Instrumental e Indústria Cultural. *Inter-ação: Rev. Fac. Educ. UFG*, n. 28, v. 1, p. 83-101, jan./jun., 2003. Disponível em: http://www.revistas.ufg.br/index.php/interacao/article/viewFile/1442/1445. Acessado em: 11/03/2010.

[FAO] FOOD AND AGRICULTURE ORGANIZATION. *Evaluación de los Recursos Forestales Mundiales*, 2005. Disponível em: http://www.fao.org/forestry/fra/es/. Acessado em: 9/07/2009.

_____. *Estatísticas gerais da Fome*. 2009. Disponível em: http://www.fao.org/hunger/hunger-home/es/. Acessado em: 9/07/2009.

_____. *Relatório sobre a Fome*. 2010. Disponível em: www.fao.org/hunger/hunger-home/es/. Acessado em: 24/09/2011, p.2.

FERNÁNDEZ ENGUITA, M. *La cara oculta de la escuela*. Madrid: Siglo XXI, 1990.

FILLOUX, J.C. Prólogo. In: SOUTO. M. *Hacia una didáctica de lo grupal*. Buenos Aires: Miño y Dávila editores, 1993.

FILMUS, D.D. El Papel de la Educación Frente a los Desafíos de las Transformaciones Científico-Tecnológicas. Biblioteca Digital de La Oei. Organización de Estados Iberoamericanos. Educación Técnico Profesional. *Cuaderno de Trabajo 1*, 1994. Disponível em: http://www.oei.es/oeivirt/fp/cuad1a06.htm. Acessado em: 5/6/2009.

FOLHA DE SÃO PAULO. 14/10/2009. Disponível em: http://www1.folha.uol.com.br/fsp/cotidian/ff1710200907.htm. Acessado em: 8/06/2009.

FOUCAULT, M. *Vigiar e Punir*. Petrópolis: Vozes, 1977.

_____. *História da Sexualidade*. vol. II – Uso dos Prazares, 1984, Rio de Janeiro, Ed. Graal.

FREIRE, P. *Pedagogia do Oprimido*. 17.ed. Rio de Janeiro: Paz e Terra, 1987.

_____. *Educação e Mudança*. 27.ed. Rio de Janeiro: Paz e Terra, 2003.

GADAMER. H. *Verdade e Método*. Trad. Flávio Paulo Meurer. 2.ed. Petrópolis: Vozes, 1998.

GADOTTI, M. *História das ideias pedagógicas*. São Paulo: Ática, 1992.

GALEANO, E. *De Pernas para o ar. A escola do mundo ao revés*. São Paulo: L&PM Editores, 1999.

GARCÍA, R. Interdisciplinariedad y sistemas complejos. In: LEFF, E. *Ciencias sociales y formación ambiental*. Barcelona: Gedisa, 1994.

GIDDENS, A. *As consequências da modernidade*. São Paulo: Unesp, 1991.

GIROUX, H. *Os professores como intelectuais: rumo a uma pedagogia crítica da aprendizagem*. Porto Alegre: Artmed, 1997.

GUTIÉRREZ, H. *Paradigmas educativos y el uso de medios audiovisuales*. (Escuela de bibliotecología. Escuela de diseño universidad tecnológica metropolitana. Chile, 2000). Disponível em: http://www.utem.cl/deptogestinfo/haydeepubli.doc. Acessado em: 02/11/2006.

HABERMAS, J. *Consciência moral e agir comunicativo*. Rio de Janeiro: Tempo Brasileiro, 1989.

HEIDEGGER, M. *Carta sobre o humanismo*. Trad. Helena Cortés e Arturo Leyte. Madri: Alianza Editorial, 2000.

HERZ, D. *Donos da Mídia*. Disponível em: http://donosdamidia.com.br/levantamento/politicos. Acessado em: 21/03/2010.

HORKHEIMER, M. *Eclipse da razão*. Trad. Sebastião Uchoa Leite. Rio de Janeiro: Labor, 1976.

[IPCC] INTERGOVERNAMENTAL PANEL ON CLIMATE CHANGE. *Cambio climático 2007: Informe de síntesis*. Genebra, 2007.

[IUCN] INTERNATIONAL UNION FOR CONSERVATION OF NATURE. The IUCN Red List of Threatened Species. Disponível em: http://www.redlist.org. Acessado em: 25/09/2009.

KOZULIN, A. O conceito de atividade na psicologia soviética: Vygotsky, seus discípulos, seus críticos. In: Daniels, H. (Org.) *Uma introdução a Vygotsky*. São Paulo: Loyola, 2002.

LACASA, P. *Aprender en la escuela, aprender en la calle*. Madri: Aprendizaje Visor, 1994.

LAVE, J.; WENGER, E. *Situated learning: Legitimate peripheral participation*. Cambridge: Cambridge University Press, 1991.

LEAL FILHO, L. *Homer Simpson, espectador padrão do Jornal Nacional*. 2007. Disponível em: http://letra-livre.blogspot.com/2007/12/homer-simpson-espectador-padro-do.html. Acessado em: 02/03/2011.

LEFF, F. Sociología y ambiente: Formación socioeconómica, racionalidad ambiental y transformaciones del conocimiento. In: LEFF, E. (Coord.) *Ciencias sociales y formación ambiental*. Barcelona: Gedisa/CIIH-Unam/Pnuma, 1994.

_____. Complexidade, interdisciplinaridade e saber ambiental. In: PHILIPPI Jr., A. et al. *Interdisciplinaridade em ciências ambientais*. São Paulo: Signus, 2000.

_____. *Epistemologia Ambiental*. São Paulo: Cortez, 2002.

_____. *A Complexidade Ambiental*. São Paulo: Cortez/Furb/Pnuma, 2003.

_____. *Racionalidade Ambiental: a reapropriação social da natureza*. Rio de Janeiro: Civilização Brasileira, 2006.

LEMOS, A. *Cibercultura, cultura e identidade. Em direção a uma "Cultura Copyleft"?* 2004. Disponível em: http://twiki.im.ufba.br/bin/view/GEC/SociCibercon. Acessado em: 10/11/2009.

LEONTIEV, A. *Actividad, conciencia e personalidad*. Havana: Editorial Pueblo y Educación, 1975.

_____. Uma contribuição à teoria do desenvolvimento da psique infantil. In: VYGOTSKY, L. S.; LURIA, A. R.; LEONTIEV, A. N. *Linguagem, desenvolvimento e aprendizagem*. 5. ed. São Paulo: Ícone, 1994.

_____. Sobre o desenvolvimento histórico da consciência. In: LEONTIEV, A. *O desenvolvimento do psiquismo*. Lisboa: Horizonte Universitário, 1978.

LÉVY, P. *Cibercultura*. São Paulo: Editora 34, 1999.

LIBÂNEO, J. C. A aprendizagem escolar e a formação de professores na perspectiva da psicologia histórico-cultural e da teoria da atividade. *Revista Educar*. Curitiba: UFPR, n. 24, p. 113-147, 2004.

LÖWY, M., *Ideologias e ciência social. Elementos para uma análise marxista*. São Paulo: Cortez, 1985.

_____. Barbárie e Modernidade no Século 20, 2000. Disponível em: http://www.sociologos.org.br/links/modernid.htm. Acessado em: 17/03/2010.

LOZARES. C. La actividad situada y/o el conocimiento socialmente distribuido. *RACO – Revistas Catalanas con Acceso Abierto*. Barcelona: Universidad Autónoma de Barcelona, 2001.

LUZZI, D. La "Ambientalización" de la educación formal. Un diálogo abierto en la complejidad del campo educativo. In: *La Complejidad Ambiental*. México: Siglo XXI, 2001a.

_____. La Educacion Ambiental en la Educacion General Básica Argentina, *Revista latino-americana de Educacion Ambiental. Revista Tópicos*. México: Universidad Autónoma de México e Secretaria de Recursos Naturales de la Nación Mexicana, 2001b.

_____. O papel da educação a distância na mudança de paradigma educativo, da visão dicotômica ao continuum educativo. São Paulo, 2007. Tese (Doutorado em

Educação). Faculdade de Educação da Universidade de São Paulo. Disponível em: www.teses.usp.br/teses/disponiveis/48/48134/.../TeseDanielAngelLuzzi.pdf. Acessado em: 12/05/2008.

LYRA, R. *Consumo, Comunicação e Cidadania*. 2001. Disponível em: http://www.uff.br/mestcii/renata2.htm. Acessado em: 02/03/2010.

MARCUSE, H. *El Hombre Unidimensional*. Barcelona: Proyectos Editoriales S.A, 1985.

MARDONES, J.M. *Filosofía de las ciencias humanas y sociales*. Colombia: Ediciones Anthropos, 1994.

MARQUES, M.O. *Conhecimento e modernidade em reconstrução*. Ijuí: Unijuí, 1993.

MARQUES, R. *Dicionário Breve de Pedagogia*. Lisboa: Editorial Presença, 2000.

MATURANA, H.R; VARELA, F.J. Vinte anos depois. In: *De máquina e seres vivos: autopoiese – a organização do vivo*. 3. ed. Porto Alegre: Artes Médicas, 1997.

_____. *A Árvore do Conhecimento: as bases biológicas da compreensão humana*. Trad. Humberto Mariotti e Lia Diskin. São Paulo: Palas Athena, 2001.

_____. *Emoções e linguagem em educação e política*. Belo Horizonte: Ed. UFMG, 2002.

MATURANA, H.R. Biology of language: epistemology of reality. In: MAGRO, C.; GRACIANO, M. e VAZ, N. (Ed.). *Humberto Maturana: Ontologia da Realidade*. Trad. C. Magro. Belo Horizonte: Editora UFMG, 1997.

MAZZOTTI, A.J.A. A Abordagem estrutural das representações sociais. *Psicologia da Educação*. São Paulo: PUC/SP, n.14/15, p.17-37, 2002.

MCLAREN, P. *Pedagogía crítica y cultura depredadora*. Buenos Aires: Paidós, 1997.

[MEC] MINISTÉRIO DA EDUCAÇÃO. *Relatório do MEC: Qualidade na Educação Básica do ano 2005*. Disponível em: http://portal.mec.gov.br/arquivos/pdf/progr_qualidadenaeducacao.pdf. Acessado em: 12/11/2006.

MEZAN, R. O mal-estar na Modernidade. *Revista Veja*: São Paulo, 26/12/2000.

MILANI QUERIQUELLI, L. *Satyricon e Tradução Poética: Traduções Brasileiras Perante Sutilezas Cruciais da Poesia de Petrônio*. Santa Catarina, 2009. Dissertação (Mestrado em Estudos da Tradução). Universidade Federal de Santa Catarina. Disponivel em: http://www.pget.ufsc.br/curso/dissertacoes/Luiz_Henrique_Queriquelli_-_Dissertacao.pdf. Acessado em: 11/10/2009.

MIRANDA, A. Em torno da metametodologia da ciência. Em: SIMEÃO E. (Org.). *Ciência da Informação: teoria e metodologia de uma área em expansão*. Brasília:. Thesaurus, 2003.

MIZUKAMI, M.G.N. *Ensino: as abordagens do processo*. São Paulo: EPU, 1986.

[MMA] MINISTÉRIO DO MEIO AMBIENTE. *Livro vermelho da fauna brasileira ameaçada de extinção*. Brasília/Belo Horizonte: MMA/Fundação Biodiversitas, 2008.

MORIN, E. *El Método IV. Las ideas.* Trad. Ana Sánchez. 2.ed. vol. IV. Madrid, 1998a.

_____. *Introducción al Pensamiento Complejo.* Barcelona: Editorial Gedisa, 1998b.

_____. *Os sete saberes necessários à educação do futuro.* 2.ed. São Paulo/ Brasília: Cortez/Unesco, 2000.

MOROZ, M; RUBANO, D. O conhecimento como ato de iluminação Divina: Santo Agostinho. In: ANDERY, M.A., et al. *Para compreender a ciência: uma perspectiva histórica.* 6.ed. São Paulo: Educ, 1996, p.145-150.

MOTTA, N.S. *Ética e vida profissional.* Rio de Janeiro: Âmbito Cultural, 1984.

MOURA. M.O. A atividade de ensino como ação formadora. In: CASTRO, A.D.; CARVALHO, A.M.P. *Ensinar a Ensinar: Didática para a escola fundamental e média.* São Paulo: Pioneira Thomsom Learning, 2001a.

_____. A Educação Escolar como Atividade. Educar na Sociedade da Informação Módulo 4 - Novas práticas na educação: tecnologia, vocação e emprego. 2) Tecnologia e Atividade de Ensino (02/06/01). 2001b. Disponível em: http://www.cidade.usp.br/educar2001/mod4ses2.html. Acessado em: 16/06/2010.

NARDI, B.A. *Context and consciousness: activity theory and human-computer interaction.* Cambridge: MIT Press, 1996.

[NCDC/NOAA] NATIONAL CLIMATIC DATA CENTER/NATIONAL OCEANIC AND ATMOSPHERE ADMINISTRATION. *Climate of 2005 - Annual Report.* NCDC/NOAA. USA. 2006. Disponível em: http://www.ncdc.noaa.gov/sotc/global/2006/ann. Acessado em: 12/10/2009.

NICKERSON, R. et al. *Enseñar a pensar. Aspectos de aptitud intelectual.* Barcelona: Paidós, 1987.

NOBRE, R. Racionalidade e tragédia cultural no pensamento de Max Weber. *Tempo Social; Rev. Sociol. USP.* São Paulo, n. 12, v. 1, p. 85-108, nov. 2000.

NÓVOA, A. *Os professores e sua formação.* Lisboa: Dom Quixote, 1992.

[OIT] OFICINA INTERNACIONAL DEL TRABAJO. *Tendencias Mundiales del Empleo Juvenil.* Genebra: OIT, 2006.

OLIVEIRA, R. *Cognição Situada, Conceitos Adjacentes e Implicações Pedagógicas.* Publicado em 31/03/2010. Disponível em http://www.webartigos.com. Acessado em 20/03/2010.

[OMS] ORGANIZAÇÃO MUNDIAL DA SAÚDE. *Informe mundial sobre la violencia y la salud.* Genebra, 2002. Disponível em: http://www.who.int/violence_injury_prevention/violence/world_report/en/index.html. Acessado em: 11/09/2009.

_____. *La OMS pide al mundo que asuma el reto de mejorar la calidad del aire.* Centro de Prensa. 2006. Disponível em: http://www.who.int/mediacentre/news/releases/2006/pr52/es/index.html. Acessado em: 12/09/2009.

[OMS] ORGANIZACIÓN MUNDIAL DE LA SALUD. *Informe mundial sobre la violencia y la salud*. Genebra, 2002. Disponível em: http://www.who.int/violence_injury_prevention/violence/world_report/en/index.html. Acessado em: 11/09/2009.

PALINCSAR; B. Reciprocal teaching of comprehension-fostering and comprehension-monitoring activities. *Cognition and Instruction*, n. 1, v. 2, p. 117-175, 1984.

PÉREZ GÓMEZ, A. O pensamento prático do professor: a formação do professor como profissional reflexivo. In: NÓVOA, A. (Org.). *Os professores e sua formação*. Lisboa: Dom Quixote, 1995.

PERRENOUD, P. *Escola e Cidadania*. Porto Alegre: Artemed, 2005.

PIAGET, J. *Epistemologia Genética*. Petrópolis: Vozes, 1970.

_____. *Para onde vai a educação?* Rio de Janeiro: Olympio – Unesco, 1973.

_____. *A epistemologia genética e a pesquisa psicológica*. Rio de Janeiro: Freitas Bastos, 1974.

_____. *A equilibração das estruturas cognitivas: problema central do desenvolvimento*. Trad. Álvaro Cabral. Rio de Janeiro: Zahar, 1976.

[PNUD] PROGRAMA DAS NAÇÕES UNIDAS PARA O DESENVOLVIMENTO. Relatório de Desenvolvimento Humano 1998. Disponível em: http://hdr.undp.org/es/informes/. Acessado em: 2/08/2009.

_____. Relatório sobre Desenvolvimento Humano 1999. Disponível em: http://hdr.undp.org/es/informes/. Acessado em: 5/08/2009.

_____. Relatório de Desenvolvimento Humano 2005. Disponível em: http://hdr.undp.org/en/media/hdr05_po_chapter_1.pdf. Acessado em: 6/08/2009.

_____. Relatório de Desenvolvimento Humano 2006. Disponível em: http://hdr.undp.org/es/informes/. Acessado em: 5/08/2009.

POSTMAN, N.; WEINGARTNER, C. *Teaching as a subversive activity*. Nova York: Dell Publishing Co., 1969.

POZO, J.I. *Aprendices y Maestros*. Madri: Alianza, 1996.

_____. *Teorias cognitivas da aprendizagem*. Porto Alegre: Artmed, 1989.

[PREAL] PROGRAMA DE PROMOÇÃO DA REFORMA EDUCATIVA NA AMÉRICA LATINA E CARIBE. *Quantidade sem qualidade*. Relatório de Progresso Educativo na América Latina, 2006. Inter-American Dialogue; Corporação de Pesquisas para o Desenvolvimento. Disponível em: http://www.preal.org/Archivos/Bajar.asp?Carpeta =Preal%20Publicaciones% 5CInformes %20de%20Progreso%20Educativo%5CInfo rmes%2Regionales&Archivo=PREAL%20QsQ%20Port.pdf. Acessado em: 17/11/2006.

RIBEIRO DE ALMEIDA, F.R. A leitura do estrategista sobre a teoria crítica. FEA-USP. *XII SEMEAD*. Empreendedorismo e Inovação. 2009. Disponível em: http://www.ead.fea.usp.br/semead/12semead/resultado/an_resumo.asp?cod_trabalho=757. Acessado em: 03/2/2010.

RICOEUR, P. *Interpretação e ideologias*. Rio de Janeiro: Francisco Alves, 1977.

_____. *Sí mismo como otro*. México: Siglo XXI, 1996.

ROGOFF, B. *Aprendices del pensamiento: el desarrollo cognitivo en el contexto social*. Barcelona: Paidós, 1993.

_____. *La naturaleza cultural del desarrollo humano*. Nova York: Universidad de Oxford, 2003.

ROMAN, C. A ciência econômica e o meio ambiente: uma discussão sobre crescimento e preservação ambiental. *Teor. Evid. Econ.*, Passo Fundo, v.4, n.7/8, p.99-109, maio/nov 1996.

ROTH, W.M. Activity theory and education: an introduction. *Mind, culture and activity*, California, n. 11, v. 1, p.1-8, 2004. Disponível em: www.periodicos.capes.gov.br. Acessado em: 24/05/2010.

ROUSSEAU, J.J. *Emílio, ou Da educação*. São Paulo: Martins Fontes, 1995.

RUBANO, D.R.; MOROZ, M. O conhecimento como ato de iluminação divina: Santo Agostinho. In: ANDERY, M.A. et al. *Para compreender a ciência: uma perspectiva histórica*. 6.ed. São Paulo: Educ, 1996.

RUIZ, A.C. Algunas consideraciones sobre la formación del receptor crítico. *Revista de la Asociación de Profesores/as Usuarios de Medios Audivisuales (Apuma)*. Madri, v.2, p.8, 1999.

SACRISTÁN, J.G.; PÉREZ GÓMEZ, A.I. *Compreender e transformar o ensino*. Porto Alegre: Artes Médicas, 2000.

[SAEB] SISTEMA NACIONAL DE AVALIAÇÃO DA EDUCAÇÃO BÁSICA. Proficiência em Língua Portuguesa e Matemática. 1995-2005. INEP, Instituto Nacional de Estudos e Pesquisas Educacionais. Disponível em: http://provabrasil.inep.gov.br/index .php?option= com_wrapper&Itemid=148. Acessado em: 08/03/2008.

[SARESP] SISTEMA DE AVALIAÇÃO DO RENDIMENTO ESCOLAR DO ESTADO DE SÃO PAULO. Secretaria de Estado da Educação. 2007. Disponível em: http://saresp.fde.sp.gov.br/ 2007/index.htm#. Acessado em: 15/05/2008.

SCHAFF, A. *A Sociedade Informática: as consequências sociais da segunda revolução industrial*. 3.ed. São Paulo: Unesp, 1992.

SCHULTZ, T.W. *O valor econômico da educação*. Rio de Janeiro: Zahar, 1967.

SCHUMACHER, E.F. *O negócio é ser pequeno*. Rio de Janeiro: Zahar, 1983.

SCHWARTZ, S. A Educação infantil tem conteúdos? *Ciências e letras.*, Porto Alegre, n. 43, p. 229-246, jan./jun. 2008. Disponível em: http://www1.fapa.com.br/cienciaseletras/pdf/revista43/artigo16.pdf. Acessado em: 17/07/2010.

SENGE, P. *Escolas que Aprendem. Um Guia da Quinta Disciplina para Educadores, Pais e Todos que se Interessam por Educação*. Porto Alegre: Artemed, 2004.

SGRILLI, H. A formação para autonomia: contribuições da teoria crítica da escola de frankfurt. *Revista de Iniciação Científica da FFC*, v. 8, n.3, p. 307-318, 2008.

SOUZA, M.A. *O mal-estar na civilização moderna*. São Paulo: Edição Filosofonet, 2007.

TAYLOR, C. *La ética de la autenticidad*. Barcelona: Ediciones Paidós, 1994.

TEIXEIRA, J.F.; GUIMARÃES, A.S.G. Inteligência Híbrida: parcerias cognitivas entre mentes e máquinas. *Revista Informática na Educação*. Porto Alegre, v.9, n.2, jun./dez. 2006.

TERRY, J. *The 'M-Word': Multimedia interfaces and their role in interactive learning systems*, en Multimedia Interface Design in Education. Berlim: Springer-Verlag, 1994.

TOFFLER, A. *A terceira onda*. São Paulo: Record, 1995.

TOPICS GEO. *Annual review: Natural catastrophes* 2005. Munich Reinsurance Company (Munich Re). Germany, 2005.

_____. *Annual review: Natural catastrophes* 2006. Munich Reinsurance Company (Munich Re). Germany, 2006.

_____. *Annual review: Natural catastrophes* 2007. Munich Reinsurance Company (Munich Re). Germany, 2007.

_____. *Annual review: Natural catastrophes* 2008. Munich Reinsurance Company (Munich Re). Germany, 2008.

[UNESCO] ORGANIZACIÓN DE LAS NACIONES UNIDAS PARA LA EDUCACIÓN, LA CIENCIA Y LA CULTURA. *Hacia las Sociedades del Conocimiento*. Jouve: Mayenne France, 2005.

[UNICEF] FUNDO DAS NAÇÕES UNIDAS PARA A INFÂNCIA. *O progresso das Nações*. Nova York: Unicef, 1999.

_____. *Situação mundial da infância 2006*. Nova York: Unicef, 2006.

_____. *Situação mundial da infância 2008*. Nova York: Unicef, 2008.

UNI-WIDER. Instituto Mundial para Investigação do Desenvolvimento Econômico da Universidade das Nações Unidas (World Institute for Development Economics of the United Nations University, UNU-WIDER). Distribuição Mundial da Riqueza dos Lares. Helsinki, Finlândia, 2006.

USP Online. Com o final da II Guerra, a Escola de Frankfurt passou a fazer crítica de um mundo de barbárie e totalitarismos. Disponível em: http://www4.usp.br/index.php/ciencias/9127. Acessado em: 04/04/2010.

VARELA, F.; THOMPSON, E.; ROSCH, E. *A mente incorporada: ciências cognitivas e experiência humana*. Porto Alegre: Artmed, 2003.

VARELA, F.; THOMSON, E.; ROSCH, E. *The Embodied Mind: Cognitive Science and Human Experience*. Cambidge: MIT Press, 1991.

VATTIMO, G. *Hermenêutica y racionalidad*. Bogotá: Grupo Editorial Norma, 1992.

VYGOTSKY, L.S. *Pensamento e linguagem*. São Paulo: Martins Fontes, 1993.

WEBER, M. A política como vocação. In: MILLS, W.; GEERTH, H. (Orgs.). *Ensaios de sociologia*. Rio de Janeiro: Zahar, 1982.

[WHO] WORLD HEALTH ORGANIZATION. World report on violence and health: summary Geneva: WHO, 2002.

WWF. *Living Planet Report 2008*. Suíça: WWF, 2008.

YUILL N.; JOSCELYNE T. In: GONZÁLEZ N.B.; REBOLLO M.M.R. Enfoque multimedia de los programas metacognitivos de lectura: tecnología educativa en la práctica. *Revista Pixel-Bit*, n.15. Junho, 2000. *Revista de Medios y Educación*, Universidad de Sevilla.

ZAIA, B. *Fluxos Escolares e Efeitos Agregados pelas Escolas*. Disponível em: http://www.rbep.inep.gov.br/index.php/emaberto/article/viewFile/1073/975. Acessado em: 25/06/ 2010.

Índice remissivo

A

Aprendizagem cognitiva 99
Acoplamento estrutural 100
Ambientalismo determinista 101
Ambientalização da educação 159
Ambiente XIII, 14, 16, 17
American Institutes for Research 10
Amor 101
Andaimes 126
Anos 1970 23
Antropocentrismo e biocentrismo 163
Aprender a aprender 11
Aprendizagem compreensiva 94
Aproximações contextuais XIV
Área florestal 25
Atividade 129
Atividade socialmente significativa 105
Audiovisuais 132
Aumento do consumo 27
Autopoiese 84
Avaliação 147

B

Behaviorismo 90
Biodiversidade 25
Biologia do Conhecimento 100

C

Capacidades de aprendizagem 52
Cibercultura 46, 47
Cibercultura e inteligência coletiva 164
Cidadania e participação 164
Cidadania reflexiva 52
Cidadãos ativos 131
Ciência determinista 64
Círculo hermenêutico 79, 138
Cognição situada 99, 102
Cognitivismo 92
Complementaridade 83
Complexidade 5, 81, 147
Comportamento 90
Compreensão 70
Comunidades de prática 99

Comunidades de práticas 138
Conceito de mediação 96
Conceitos "fora de foco" 161
Concentração da riqueza 27
Concepção bancária da educação 91
Condutismo 89
Conhecimento 90
Consciência ingênua 166
Consumo 160
Consumo-felicidade 160
Continuum epistemológico 89
Copyleft 46
Crescimento econômico 163
Crise cultural 38
Crise educativa 6, 114
Crise existencial 37
Cultura 32
Currículo em espiral 125
Currículos 127

D

Darwinismo social 64
Declínio do enfoque condutista 92
Degradação da natureza 24
Depressão 37
Desastres naturais 24
Desencaixe 45
Desertificação 25
Desigualdade 28
Diálogo 164
Diferenciação progressiva 123
Dissenso 143
Donos da Mídia 76

E

Ecologia de relações sociais 147
Educação XVII, XVIII, XIX, 3, 7

Educação ambiental XIV, XV, XVII, 13, 157-9
Emprego juvenil 28
Enfoque histórico-cultural 96
Ensino para a depredação 67
Ensino recíproco 102
Escola XVIII, 159, 169
Escola Nova 23
Escola prisão 116
Escolas 169
Escolas que aprendem 118
Esfera pública democrática 135
Espaço de fluxos 45
Espaço do fluxo 50
Esperança de vida 32
Estilo de pensamento 165
Estruturalismo 89
Ética XVI

F

Felicidade 162
Filosofia marxista 97
Fins da educação 43
Formação continuada 137

G

Gestalt 94
Gestão democrática 119

H

Habilidades metacognitivas 136
Hermenêutica 69
Homo culturalis 41, 45
Homo economicus 41, 45

I

Idade da ansiedade 29
Idade Média 21

Identidade e alteridade 163
Iluminismo 61
Império Romano 21
Individualismo 65
Indústria cultural 69, 73
Insight 94
Integração conceitual 125
Inteligência cega 38
Inteligência coletiva 47
Interdisciplinaridade 83
Interesses constitutivos no conhecimento 103
Intoxicação informativa 51
IPCC 24
Irracionalidade 71

K

Keynesianismo 66

L

Leitura crítica 164
Liberalismo e Capitalismo 65
Limites da natureza 37
Livro Vermelho da IUCN 25

M

Mal-estar na civilização 33
Mapa da fome 26
Mecanicista 61
Meios da educação 43
Métodos passivos 166
Mídias audiovisuais 48
Modelo de organização social 32
Modernidade 32, 33, 61
Monetarismo 66
Monismo metodológico 63
Multiculturalidade 52

N

Neutralidade da informação 164

O

Ontológico 38
Organicismo 61
Organização Mundial do Trabalho 28

P

Paradigma ecológico 146
Participação legítima periférica 100
Participação periférica 99
Pedagogia ambiental 113, 115
Pedagogia diretiva 91
Pedagogia norte-americana 23
Pensamento cego 146, 167
Pensamento dicotômico 62
Pensamento instrumental 62
Pensamento racionalista 89
Pensamento simplificador 60
Perspectivas contextuais 139
Perspectivas contextualizadoras 139
Pobreza 26
Posições empiristas 90
Positivismo 59, 63
Preal 6
Pré-ambientalização educativa 114
Primeira onda 44
Princípios do século XIX 22
Problemática socioambiental 59
Processamento da informação 49, 98, 100
Produção ideológica 36
Projeto político curricular 144
Projeto político pedagógico 144
Próteses culturais 47
Psicologia neocognitiva 89

Q

Qualidade de vida 26

R

Razão instrumental 69
Razão objetiva 71
Razão subjetiva 71
Reconciliação integradora 123
Reducionismo 146
Relevância cultural 103
Renascimento 21
Revolução do Conhecimento 45

S

Saeb 6
Sala de aula 145, 169
Saresp 8
Século XVIII 21
Segunda Guerra Mundial 22
Segunda metade do século XVI e o século XVII 21
Segunda onda 44
Sentido 113
Significado 113
Simplificação 146
Simplismos reducionistas 89
Sistema de atividades 148
Sociedade da informação 45
Sociedade em rede 44, 50
Sociologia da educação 41

Sucesso 163
Sujeito multidimensional 116
Suplício de Tântalo 36

T

Tábula rasa 91, 93
Temporalidade 43
Teoria crítica 67, 70
Teoria crítica da educação 23
Teoria da correspondência 139
Teoria Geral dos Sistemas 84
Teorias contextuais 104
Terceira onda 45
Tipos de aprendizagem 95

V

Valores 130
Variáveis comunicativas 146
Variáveis situacionais 146
Violência 29
Violência autoinfligida 30
Violência na sociedade brasileira 30
Visão descontextualizada 5
Visão reducionista 5
Visão transetorial integrada 12
Visões socioambientais 13
Vulnerabilidade da população 31

Z

Zona de desenvolvimento proximal 107